大方

sight

汉水的身世

袁凌 著

中信出版集团 | 北京

图书在版编目（CIP）数据

汉水的身世 / 袁凌著 . -- 北京 : 中信出版社，2022.10（2023.4 重印）
ISBN 978-7-5217-4759-1

I. ①汉… II . ①袁… III . ①汉水－水利史 IV . ① TV882.8

中国版本图书馆 CIP 数据核字（2022）第 175509 号

汉水的身世
著者： 袁凌
出版发行：中信出版集团股份有限公司
（北京市朝阳区东三环北路 27 号嘉铭中心 邮编 100020）
承印者： 浙江新华数码印务有限公司

开本：670mm×970mm 1/16　印张：20.25　字数：210 千字
版次：2022 年 10 月第 1 版　印次：2023 年 4 月第 2 次印刷
书号：ISBN 978-7-5217-4759-1
定价：69.00 元

目 录

序

罗新

我平生亲近过的大江大河只有汉水。初三的寒假，我从随州到光化县老河口镇看望姑妈，姑妈把我留下读初三下学期。老河口是汉水历史上最著名的码头之一，所谓“天下十八口，数了汉口数河口”。在街上随便走走就到了江边，浩瀚宽阔、澄澈碧净的汉水静静南流。就这样，江河第一次刻进我的记忆(幼年在长江上坐过轮船，可是不记得了)，刻得如此之深，那时的我是怎么也想不到的。在老河口我读的是四小，一所戴帽中学，虽然只读了半年，却结交了不少好朋友，留下许多美好温暖的记忆，所有记忆的背景都是静谧无声又浩浩荡荡的汉水。

高中也没有离开汉水。我从老河口四小初中毕业，升入襄阳四中（那时叫襄阳地区中学）读高中，而襄阳是汉水上一座更有名的城市。在襄阳的两年间，记不得有多少次我一个人坐在临汉门瓮城外光滑如镜的大石板上，看脚下汉水东流，看对岸的樊城楼宇林立，徒劳地努力着，试图把眼前所见与王维的诗句“江流天地外，山色有无中”联系起来。襄阳的汉水依然宽阔，但是水的颜色有了不同，远不如老河口段那么清亮，那么鲜明。在不到一百公里的流程内，两岸工农业消耗了大量干净的汉江水，又回馈以巨量的排污，造成水质明显下降。可想而知，一路向南向东，滋养江汉平原的同时，汉水会失去什么，又会被强行塞进什么。

然而汉水毕竟是汉水，直到涌进浊黄混沌的长江。大学毕业后我到武汉工作了四年，常常在往返于汉阳门与江汉关之间的渡轮上，看青绿色的汉水如何挣扎着抗拒长江的吞噬，据说这一缕清流会绵延数公里之远。在这个意义上，南岸嘴是武汉三镇最有诗意的地方，你可以感同身受地见证美丽汉水的亡殁。不过，如果你见过老河口的汉水，襄阳的汉水，你会质疑南岸嘴的汉水河道何以如此狭窄。不止河道狭窄，流量也颇有不如。自然地理的规则在这里被反转了，河流不见得会越走越大，千里奔波的汉水沿路献血纳污，最后遇到一条走了更长的路、收纳了更多污浊的长江，其命运也就不问可知了。

汉水是我唯一泅渡过的大河，我唯一爱过、至今仍然深爱的大河。我记得上大学第一次坐火车去北京，夜里过黄河，月光下看水波粼粼，我倒吸一口凉气，不敢相信大名鼎鼎的黄河竟然那么窄小，远远比不上我老河口的汉江。那还是在夜里，看不见水的色彩。这一比较强化了我对汉水的想念，使我下决心要为汉水写点什么。惭愧的是，我从未兑现这一承诺。齿摇发尽之际，还没能做自己心心念念想做的，总是人生一大憾事。然而，有时候你会觉得幸运，因为，天上掉馅饼一般，有人做了，做的甚至比你梦想的还要好。我读袁凌《汉水的身世》，就忽然间有了一种不再遗憾的满足感。

这正是我想写却写不出的那种书。

引言

13 岁那年，我离家去市里上学，第一次见到了汉水。在白光光的大堤下，似乎没有什么颜色，那宽度是我从未见过的，相比之下我不过是晾晒在大堤上的一片小小衣物。我知道，这是我生命中的一个重要时刻。

我见到了家乡从下雨天的电线上一滴滴出发、从千沟万壑一丝丝发源、在公路旁的排水沟里一路流淌的水，最终奔赴的地方。它活在中国地图的南北分界线上，活在有关下南洋和纤夫的传说里，活在父亲当年离乡求学的旅程里，活在他曾经横渡的一生荣光里。当然，现在它也活在我每天饮用和盥洗的自来水里，活在我偶尔和同学们畅游激流的危险与愉悦里，在一次模仿父亲泅渡汉江的冒险中，我差一点溺死，在最后放弃下沉的时刻，我的脚踩着了石头，汉江以它绵延的温厚饶恕了我。

后来我翻越秦岭到了省城西安上学，似乎离汉江远了，往后却知道接济这座干渴的北方城市的引水工程里，有一部分是穿越秦岭而来的汉江支流的水。它仍旧在哺育我。

以后我走得更远，到了遥远的上海和北京。我偶尔会怀念家乡的巴山汉水，并且试着去了解它的历史，得知它除了是我的母亲河，还在民族和国家的历史上有独特的地位，没有其他任何一条河流会和我们的民族与语言同名，她哺育了我们历史上第一个伟大的朝代，以及统一的文化。我知道了它黄金水道的辉煌过往，那看起来过于空旷的江面，曾经樯桅如林，风帆招展，如同动脉的繁忙。我也知道了它独特的品性，作为长江的最大支流，它是眼下中国最清洁的水系，像一位清贫的君子。有几次我遭到了挫败，回到家乡疗伤，一眼看见清浅的汉水，不论世事如何，仍旧像千百年来一样缓缓流动，心里就平静下来。我会掬起一捧江水来喝，感受它的清甜，让它滋养生命的力量进入我的心灵。

但最让我没有想到的是，身居遥远的北京，有一天仍然会像在市里或者省里上学生活时一样，受到汉江的哺育。干渴的北中国呼唤接济，汉江清洁的品性使它成为南水北调的不二之选，在离别家乡 24 年之后，我又一次喝上了汉江水，在几千里之外的北京。和我一样喝上和用上千里迢迢而来的汉江水的，有北中国的 6000 万人口。

在历史上，汉水虽然拥有文化上的特殊地位，却从来没有像黄河或者长江一样被视为中国的母亲河。但在今天，它名副其实地成为了中国的母亲河。它的付出，在世界的大江大河中也是独一无二的。当然，这也包括它沿途几十万移民和千百万民众的付出，包括它天然的主人——上百种土著鱼类的奉献。

每当我在遥远的异乡打开水龙头时，都会有一种感恩和歉疚。我需要为它写些什么，记录它悠久的生命和变迁，记录它眼下为整个中国的付出，记录下它是怎样一条伟大的河流。

从 2014 年南水北调通水前夕开始，我陆续走访了汉江沿线的水坝、移民、纤夫、船工、渔夫、污水厂、老街和居民，了解它的过往与现在，繁华与寂寞，抚慰与疼痛，从汇入长江的终点一直到源头，触碰它的躯体和灵魂。在 8 年的走访之中，我进一步亲近，又再度认识了这条母亲河，体会到她清癯美丽的品性和独一无二的身世，它的一部分已然偏枯逝去，另一部分却通向未来，预先哺育着我们。

这些文字，无法回馈它的恩情于万一。

稀缺的血液

“能够蹚水走到对岸去。”2014 年 7 月下旬，湖北潜江渔种场的退休工程师徐术堂有些不认识眼前的汉江了：一向宽阔的江面萎缩成了小河沟，满河是担桶提水吃的泽口镇居民。家住三楼遭遇断水的徐术堂，也在提水的人群当中。

这次水荒事件的背景，是 2014 年 7 月丹江口水库再次下闸蓄水，为年底的南水北调通水做准备。正值干旱，汉江大大缩减的下泄水量，又为渴极的沿江城市和江汉平原的灌溉用掉，到达潜江已所剩无几，俗称“水袋子”的潜江成了瘪袋子。位于泽口镇的潜江市饮用取水口泵头暴露出了水面，全城停水。一同告急的城市，还包括襄阳、钟祥、宜城、荆门、武汉等地，其中宜城一年内三次全城停水，最长一次达到整两天；襄阳沿江有 23 座水厂、142 座泵站、1680 眼机井无法正常取水；沙洋县考虑放弃汉江取水，转而在“引江济汉”干渠中取用长江水。

北方缺水长期紧迫，以致华北平原地下形成了超级“漏斗”。而汉江处于偏枯年份，下游嗷嗷待哺，丹江口水库从 2013 年开始的蓄水几次归于失败，为实现早日调水，不得不在遭遇干旱的夏季再次强行蓄积，加剧了下游的干渴。在南水北调的大背景下，汉江，一条原本并不显眼的河流，每滴水都变得如此珍贵和稀缺，如同血液。

一段尚在自由流淌的汉江，云山苍茫，江水迅疾。不久将成为平静的库区。

“不发达”优势

同样是在这个干枯的夏季，我从武汉溯汉江而上，一路来到源头汉中宁强县烈金坝汉王沟口，也就是史籍所称的嶓冢山下。

作为生长在汉水流域的我，这是多年来对“母亲河”的一份夙愿，但比起想象中的不凡气势，眼前的河谷和山沟显得有些平淡无奇。比起细小如束的山溪，这里最显眼的是一株千年古桂，枝条纷披，气象蓊郁，号称大禹治水时亲手栽种。这样的禹王遗迹，在汉水沿线非止一处，譬如旬阳县蜀河段的汉江边即有一处禹穴，相传是大禹治水时的住处，并有传言为大禹手植的皂角树。但治水遗迹在此地更显说服力，来源于《尚书·禹贡》对于大禹事迹的记载“嶓冢导漾，东流为汉，又东为沧浪之水”。

顺沟口往上走，从高架桥下穿越京昆铁路线，溪流的坡度越来越陡，水量也很小，看起来有了接近源头的意思。想到这就是三千里汉水的起源，有些不敢相信是真的。走完人家田地，一直到接近山顶的地方，溪水在丛林中消失了，再往上现出一个洞壑，看起来是泉水滴注形成的喀斯特地貌，洞壑下面生长着钟乳石，因形似牛头，遍身青苔漫滋，得名“石牛洞”。牛头上方的洞顶有泉水汇聚，断续滴下，千万年来在牛头上形成了一个光润的石窝，能够容下一捧水。我疑心这几滴水究竟是否算得上一条大江的源头，却在石壁上看到了红漆的“古汉源”三个大字。

我伸出手掌接一捧水喝，却觉得不够虔敬。面对世上的水，我是第一次感到自己的手如此肮脏，洗很多遍仍不干净。只能放弃双手，仰头，以口直接承受滴下的泉源。

但即使是在这泉源的旁边，已经有了敬神的人们遗留的鞭炮碎屑和纸灰红布，更有旅游探访者随手丢下的方便食品袋子和矿泉水瓶。

头顶的“古汉源”三个字，透出了近年有关汉水源头的争议。虽然古籍明白称汉水出自眼前的嶓冢山，但现实中汉水上游一分为三的支流中，南线玉带河的水量最丰，北线沮水的流程最长，即使以漾水为正源，也并非到汉王沟结束，而是发源于更西南与嘉陵江的分水岭。《辞海》以沮水为汉水正宗，近年来宁强县则出于旅游等多方考虑，将流经县城的玉带河定为正源，还将县城改名为汉源镇。而在 2017 年，还传出了宝鸡市认为汉水发源于太白县咀头镇从而正源是褒河的声音，理由是褒河的长度比其他三条支流都要长出很多。

近年来关于汉水源头的争议，反映的是随着南水北调而来的汉水在中国地位的上升，而在历史中汉水对于中国文明的意义，也再次被发掘出来。汉水古亦称沔水，但在《尚书》《诗经》中皆称汉，秦亡后刘邦于汉中兴起，一统天下，即以汉为国名，由于大一统多民族国家到汉代才真正建成，汉也就成为中国主体民族的称谓，衍生出汉族、汉字、汉服等词汇。但作为这一切起源的汉水，却渐渐在历史中湮没，地位远远不如作为“母亲河”的长江黄河，连它的真正源头也成了不解之谜。北魏郦道元撰写《水经注》期间，已经对古籍记载与现状间的龃龉之处大为迷惑。

无论何人，一旦顺三千里汉江西行，来到漾水沿途以至汉王沟口，都会心生疑窦：作为汉江的正源，这条河会不会太小了，以致现代人称其为青泥沟？漾水的河道却要宽阔许多，与涓涓细流有些不匹配，使人疑心它古时的水量要远胜现在。

这样直观的反差不仅使宁强县政府另起炉灶，也引起地质学术界的诘问。陕西省史志办1985年刊载史料称，20世纪50年代长江水利委员会专家勘查宝成铁路线略阳和宁强段地形时，认为这里的古河道遗迹是连接汉水和西汉水的故河床，汉水的发源地应该是今天的西汉水源头，甘肃天水市境内，那里也有一座嶓冢山。实际上这一说法最早由民国学者赵亚曾、黄汲清在考察秦岭和四川山脉地质后提出，赵亚曾是中国第一位在考察中遇害的地质学家，黄汲清后来成为了中科院院士。嘉陵江上游称西汉水，在漾水源头与西汉水之间，只隔着一座低矮的分水岭，两条江河和两座山名称的重复，不由人不疑窦丛生。

2010年，陕西师范大学西北历史环境与经济社会发展研究院教授周宏伟发表《汉初武都大地震与汉水上游的水系变迁》一文，将历史中记载的公元前186年武都大地震与汉水源头变迁结合起来，尝试揭开汉水身世之谜。《汉书》记载“（高后二年）春正月乙卯，地震，羌道、武都道山崩”，两地即为今天的勉县与略阳。地震震级据现代推算约为七级，震中烈度则高达十级，死亡760人，但从今天来看，造成更大后果的是山崩。周宏伟认为，正是这次地震中发生的山崩将汉江宁强段河道拦腰截断，形成了低矮的分水岭凤飞岭，西汉水改道南下注入嘉陵江，而汉水的流程由此大大缩短。后人不识故实，为符合古籍记载，以嶓冢山命名汉王沟所在之小山，到郦道元所在的北魏时期已经东西汉水、嶓冢山并存，造成了今天的谜团。这篇论文发表当年获得了陕西省社会科学一等奖，可见该省学界认为其言之有据。而从周宏伟的论文也可推断，汉中市之所以在今天看来地处汉江上游，却得名汉中，正是由于改道之前汉江的流程要比今天远得多，汉中当时已算中游。至于汉广、漾水、沧浪之水之称，亦由于水量浩大不足为奇。而刘邦之所以以汉为国名，除了纪念起家之地，也含有当时的汉水始自陇东而入于江湘，流经了平定七王之乱以前中央直接控制的绝大部分疆域，地位比长江更为重要的原因。古人因此“河汉”并称，并以此指代天空中的银河。而此后汉水地位的下降，也和上游改道、流域减少不无关系。虽然并非定论，地震改道之说仍然提供了人们对于汉水发源的想象空间。

但对于汉王沟居住的村民而言，眼前的嶓冢山当然还是他们眼里真正的汉水源头。从石牛洞下山途中，山垭上有一座新修中的大庙，大庙的落成显然和汉水发源有关系，大庙门前坐着几位抽烟聊闲天的老农，对于我的疑问，他们的一致解答是身后的嶓冢山是一座水仓，石牛洞下通暗河，水量在地面上看不出来。汉水发源于此地的事实，不论古今，在他们眼里显然是毋庸置疑的。

若上游改道之说为真，可以估算出汉江损失的水量。根据略阳县水文站资料，嘉陵江上游的多年平均径流量为35.6亿立方米，而汉江汉中段仅为31.9亿立方米，还不如被袭夺的上游水量。即使以21世纪头十年丹江口入库平均径流量370亿立方米计算，中上游失去的水量也达到近十分之一。

或许可以说，今天我们见到的是一条失血的汉江。而它地处南北交界，流域降雨量不够丰沛，虽然位居长江第一大支流，水量却比南方的众多长江一级支流贫弱。它的全流域年均径流量为577亿立方米，比湘江少了220亿立方米左右，比嘉陵江和赣江少100余亿立方米，只略高于乌江。但就是这条水量不足的河流，却要承担起南水北调、哺育整个中国北方的重任。以至于在南水北调通水前夕，前往汉江摄制专题片的央视导演夏骏第一眼见到汉江，第一感觉不是壮观或美丽，而是三个字——“太小了”！

想象中汹涌的大江，不过是深山里安静的一条，甚至显得细弱。不仅无法比拟广阔的长江，连跟浊浪翻腾的黄河相比，也少了气势，不太敢确信它能背负哺育北中国的重担。

夏骏正好赶上了汉江最偏枯的年份。据武汉大学和长江水利委员会专家闫宝伟、郭生练等人的研究，受“厄尔尼诺”等天气现象影响，汉江流域水量从1991年发生突变，由20世纪80年代持续的丰水期转入枯水，水量下降明显，到2005年径流量减少了接近30%。以后直到南水北调开始蓄水，汉江维持了枯水态势，到2014年恰恰进入最低点，丹江口水库设计时的来水量是380亿立方米，蓄水时只有320亿立方米。根据汉江钟祥市皇庄水文站数据，2012年和2013年的径流量分别为432亿立方米和326亿立方米，均低于多年平均径流量的475亿立方米，而2014年更是断崖式下跌到215亿立方米，击穿了历史最低值。这使外界普遍出现了汉江“无水可调”的担忧。2014年至今，前几年仍然维持枯水态势，直到近两年上游水量出现了上升，但过于集中在汛期，导致洪灾和干旱并行。

南水北调工程通水之后，历年的调水量佐证了汉水水量的变化态势：计划中近期每年的调水量是90亿立方米，实际上头

丹江口水库坝下。

四年的累计入渠分水量约为 180 亿立方米；而到了 2021 年底，则达到了 441 亿立方米，后三年调水总量超过了前四年，但七年累计下来仍旧远低于计划中的每年 95 亿立方米调水量，离 145 亿立方米调水量规划也有一定差距。丹江口水库的水位在 2020 年以前也常年徘徊在 160～162 米左右，远低于设计的正常蓄水位。

与此相应，汉江丹江口水库上游由 20 世纪 80 年代的多雨期转入 90 年代的少雨期，丹江口水库上游年平均降水量 90 年代后期至近年在不断地减少，气温不断上升。与此同时，大型水库不断建设，水体面积增加导致蒸发量上升，叠加拉低了径流量。近两年上游降雨增多，上游入库水量因此相应增加，丹江口库区蓄水位得以快速上升，在 2021 年 10 月首次突破了 170 米的设计正常蓄水位，但不久又开始下跌，到 2022 年 3 月 3 日已回落到 164.11 米，并且入库水量仅为出库水量的约四分之一，水位仍在大幅下降。

夏骏的意外和汉江沿线居民的观感一致，很多生长在汉水边的中老年人对我回忆，他们早年记忆中汉水的水量很大，完全不是现在的样子。虽然上游汉江的河谷不宽，江流仍旧不敷河床，裸露出两岸大片的滩涂，以前能行船的支流都断了航。在汉江下游，大片的消落带被人们种上了蔬菜。

汉江上游石泉电站的工作人员邓某，对于 2014 年水量的缺少感觉更为直接。往年电站在夏汛的黄金季节，已经接近捞回上半年枯水期的亏空，开始盈利，本年却遥遥无期。9 月 3 日这天，水库边坡露出了大约 3 米的黄色消落带，大坝下只有一台机组在无力转动，江水盖不住裸露的河道，甚至不如一旁支流的气势。

也许是出于反差过大的第一印象，纪录片《汉江》在挖掘汉水文化时，突出汉水的恬静和温良，延伸至道家的“柔”“顺”“弱”，以与长江的雄浑和黄河的激越相区别。这也是我17岁那年第一次亲眼见到汉江的印象，自小生活在汉水南岸深山中的我，目睹家乡所有的小溪大河都一路北流，奔向传说中的大江，无论多大的洪流浊水，都被它接纳，想象中的“江”应是阔大而粗犷，茫无涯际，深不可测。1987年秋天，我第一次站在汉江大桥上俯望，眼底却是一幅完全不同的图景。

近乎空气般透明的江流，半天才看出是真的存在，阳光下布，水底的深浅脉络原原本本呈列，浅的微白，深的烟青，却都是仅有的一点着色，一阵微风吹皱，即可擦掉，过一刻平静了又回来。弱到使人惊讶，能够承受经过的船只，不由想到周代昭王南征，船沉落水的故事，疑心并非出于土人穿凿。

相比于黄河流域传承深厚的儒家文明，汉水沿岸确乎是一个道家世界。从小我的记忆中就充斥着张天师、真武大帝、女娲炼石、八仙过海这些传说，家乡也四处是祖师庙、纯阳洞、八仙街这样的地名和遗迹。汉末张道陵开创、张鲁继承的五斗米道兴起于汉中，并建立政权，以后逐渐流传为对张天师、紫阳真人的信仰，安康十大县之一的紫阳县即由此得名，汉水穿县城而过，下游的旬阳县依独特地形而建，人称“太极城”；汉水出陕西省界入湖北，则有著名的武当山，供奉道教尊神真武大帝。上小学时父亲去武当山为我抽签许愿，以后等我考上了大学又去还愿。出生在汉水中游襄阳的诗人孟浩然，曾多年在鹿门山中隐居学道，是一个主动放弃了儒家正统仕途、追慕老庄归隐之道的诗人。他的生平、诗歌和情感都与汉水密不可分，那些朴素、清越、冲淡的诗句，代言了汉水的灵魂。

但在卑弱柔顺的外表之下，汉江自有另一种品质：清澈。古籍中记载"湘水天下至清"，但由于沿途多重金属矿藏，近代工业化开采后的湘江失去了这一品质，水质重金属超标成为多年痼疾。汉江水质在历史上与湘江齐名。安康城区水西门外汉江堤岸上有一座近人竖立的石碑，上镌"中冷水"三字（其实是"中泠水"之误），来历是明代宁献王朱权在《茶谱》中列举天下最适于烹茶的二十种泉水，"汉江金州上流中泠水"名列第十三，意指在今天安康上游的汉江中心取水。江水可烹名茶，有力地说明了古代汉江水质之至清。

近代以来，和风气早开、工业发达的湘江命运不同，汉江流域处于南北两地之间，流经的多是三省交界的地区，中下游也是农业为主的江汉平原，没有建立起发达的现代工业。20世纪六七十年代"三线建设"期间，国家在陕南和鄂北布局了一些国防类重工业，其中以汉中的军工厂和湖北十堰的第二汽车制造厂为代表，这些产业，在改革开放以后逐渐式微，二汽也渐次转向武汉。

20世纪90年代，武汉大学的学者鲁西奇去过汉中的三线工厂调研，当时汉中还有5家三线企业，包括飞机和机械制造等，但都摇摇欲坠，正在考虑搬迁。鲁西奇去的一家从江浙迁来的工厂，生活区住房已经极其破敝，设施老化失修，老一代职工的衣饰举止保留着江浙风味，子弟则往往奇装异服，显出一种后来的"杀马特"氛围。厂区学校师资贫弱，子弟无心学习，父母大都是知识分子，到了他们这一代却缺少考上大学的可能，面临阶层滑落的前景，唯一的向往是回到父母出生的大城市和发达地区。类似电影《青红》中的情节，在三线工厂区上演，现实证明，在这里发展大工业显然水土不服。

调水之前，汉水中上游各省市始终处于不发达状态，以总产值对照，同样是内陆省份的地级市，湖南省邵阳市 2008 年的 GDP 为 561 亿元，同年的安康市为 241 亿元，汉中市为 366 亿元；2020 年邵阳市 GDP 上升到 2250 亿元，安康市是 1009 亿元，汉中市是 1590 亿元，差距一直明显。在整个陕西，陕南地区不断边缘化，不仅不能和关中地区相提并论，连陕北地区最偏远的榆林市，GDP 也高出汉中和安康好几倍。

因为不发达和边缘化，作为陕南人的我，长期以来困惑于如何向别处的人介绍自己：我无法轻易让人明白，在地理纬度、气候带和风土人情上，陕南属于南方，和关中陕北是完全不同的状态；家乡山清水秀，有一条奔流的大江，不是缺水的黄土高坡。一些人从历史中知道汉中，却无法把它和汉江联系起来，也不知道汉江最终流入长江，是长江的第一大支流。

“不发达成了优势。”安康市环保局水质保护科科长李纪平感慨。近年来经勘查显示，在中国大江大河的水系之中，汉江的水质最清洁，上中游长期保持着一到二类水的品质，稍加处理可直接饮用。对比之下，长江的水质大体为三类，湘江为三至四类，东线大运河则低至四到劣五类。这也使汉江成为了南水北调最为理想的水源地。

历史学家罗新出生在汉水流域的唐白河上游，20 世纪 70 年代末期先后到老河口和襄阳市上中学，还曾经溯流而上到当时的丹江口水库游泳。“我第一眼看到老河口和丹江口水库的汉水时，觉得这是世界上唯一一条彻底干净的河流，深蓝色的，像泉水。”到了襄阳，汉水才微微有了绿意，像是印象中人们通常夸赞河流干净的样子。以后到了汉口，看到汉江和长江交汇的分界线，汉江这边是清的，长江那边是浑的，明显的分野一直持续了很远，“心里感到很骄傲”。

千百年以来，汉水以弱者的姿态，维系了自身清白的质地。一轮轮不计代价的扩张背后，蓦然回首，清洁的水本身成了最稀缺的资源，汉水在历史中被重新发现了。它过去所有的平凡与缺陷，一夜之间变成了优势。

“这是所有的人都没想到的。”李纪平说。

开万里长河

1958年5月，黄河水利委员会的工程师郝步荣接到勘查任务，和十多位同行一起去了大西南，四个月内把长江各个干支流跑了个遍，行程一万多公里。这次考察的主旨是落实国家领导人数年前提出的“南方水多，北方水少，能不能借点水给北方”的设想。

考察组拿出了一份勘查记录，向中央建议了可能的4条南水北调路线，包括从长江上游通天河筑240米高坝引水进入雅砻江，再翻越积石山入黄河；引金沙江水入雅砻江再入大渡河、岷江、涪江、白龙江，把西南各条大江串联起来，再穿越秦岭入洮河，需要筑200多米高坝，开凿33公里长的隧道，总长超6500公里；第三条路线同样是引金沙江水翻越秦岭，虽然坝高略低，路程却更长，达到6800公里；第四条路线也大体相似，都是万里长河。查勘记倾向于第三条路线，结语说“开凿这一条举世无匹的万里长河，是十分需要而且完全可能的”。

西南的大江大河和宏伟蓝图激发了郝步荣的情怀，他在考察途中忙里偷闲，写下了几首诗作发表，其中一首是“追随红军长征路，寻找江水千亿方。波涛江水过秦岭，干旱风沙齐服降”，后一首则是“开凿长河十万里，万丈高山把头低。古今风沙大戈壁，明日春风遍河西”。“长河十万里”透露了当时一个无比宏大的构想。

1959年初，黄河水利委员会在《黄河建设》发表《关于开凿万里长河南水北调为共产主义建设服务的初步意见》，描绘了“长河十万里”的具体图景。意见中列举了当时曾经被提出讨论的12条南水北调路线，包括上文中的4条，在引西南长江干支流诸水北上的普遍构思之外，也提出了经东线大运河引水北上的路线，甚至有设想开掘青海湖的咸水入黄河的。意见中还有一条“北水南调”的路线构想，是引黑龙江水入嫩江，经松辽运河入辽河。调水的目的不仅为了解黄河和华北平原之渴，还针对整个西北地区，在南方水到达北方之后，再新开凿5条输水路线，灌溉柴达木盆地，穿越整条河西走廊入新疆，浇灌塔里木盆地、腾格里大沙漠并且跨越天山经乌鲁木齐北上至苏联国境，改造包括内蒙古、宁夏在内的整个北中国直到新疆塔克拉玛干大沙漠的面貌，里程达十万公里，不仅输水，而且发电、通航，甚至开辟国际航运沟通中苏两大国，轮船可由太平洋直航波罗的海。“意见”称这项宏大规划可在1973年之前完成。

如此惊人的宏图之中，汉江的区区身量实在不值一提。方案中与汉江有关的是从嘉陵江引水至汉江，再从汉江中游旬阳县修高坝打隧道穿秦岭入渭河；由长江三峡引水经丹江口、方城入郑州段黄河；以及从沙市开凿运河引长江水入沙洋县汉江碾盘山水库，再沿唐白河北上于方城与三峡济黄线路相接。在这三条路线中，汉江都是长江水北上的“中转站”，没有独立的意义。

但与此同时，这个宏大无匹的蓝图之中，也只有汉江是唯一真正经历了开工建设的。1958年下半年，与郝步荣等人在西南勘探南水北调路线的同时，丹江口水库已经开始上马建设。这是由于其他的调水路线都需要巨大的工程量，相比之下丹江口建坝是眼前最现实的。

1959年开春，家住河南淅川县滔河乡的年轻人们接到了支边青海的号召，经过选拔，身为团员积极分子的张荣光和他二哥如愿入队。他们并不清楚，这次号召支边的背景是丹江口水库开工，库区开始疏解人口，有2.2万人的去向和他们一样，是遥远的青海。

丹江口水库开工后迎头赶上了三年困难时期，工程质量低下，有三门峡水库的教训在前，工程不得不停下来，以后又复工，拖延到1973年才真正下闸蓄水，大坝高程为162米。这正是当初设想中“十万里长河”建成的时间。整个南水北调的设想在“文革”中陷入停顿，到了1978年再度在政府工作报告中被提出，1979年水电部成立了南水北调办公室。

这时引汉调水已经悄然成为一个单独的项目，即从丹江口水库引流，穿过黄河到河北定县，作为引长江水进京的第一步。当时设想的年引水量是200亿立方米以上，并形成了初期引汉、后期引汉和远景引江的步骤。到1984年的“六五”规划中，中线引汉江水已经取代引长江水成为主要选择，而后者成为“如有必要”的备选项。

1994年，长江水利委员会完成了以引汉江水为内容的南水北调中线工程可行性报告，上报国务院审定，丹江口水库大坝的高程被加增到176.6米，可以实现自流式向北方输水。在纳入“八五”计划的南水北调规划中，汉江从30余年前的从属地位正式上升为主角，担负解决华北和京津地区“渴水”的重任。显然，这是在“开万里长河”的理想和华北极度缺水的现实面前的折衷选择，地处南北之间的独特地理位置，和便于引流的条件，以及前期丹江口水库的预备，使得引汉成为最就便的选项。

以后，随着环境污染的增大，汉水的清澈水质成为另一个砝码。长江水利委员会相关人员在1993年发表的论文中提及，丹江口水库的“水质良好，综合评价达到一类水”，到21世纪仍可保持二类水质，“可以满足城市生活和工业用水需求”，论文还提出在丹江口水库上游建立水资源保护区。随着时间推移，东线调水工程受困于大运河水质污染陷入停滞，中线“一江清水送北京”的口号耳熟能详，汉水更成为南水北调的不二之选。

2014年12月12日，陶岔渠首闸门开启，滔滔清水涌入自流渠道，汉江正式开始向北中国输水，哺育整个华北平原包括北京、天津、河北、河南四地，共约6000万人口。

实际上在此之前多年，汉江已经开始向北中国输水，这发生在它流经陕西境内的中上游，输送目的地是秦岭以北长期缺水的关中。

20 世纪 90 年代的西安，缺水到了令人难以忍受的程度。我所在的大学宿舍楼，一年四季三层楼以上全部停水，一楼每天也只有短短的时间通水，干结的大便臭味飘荡在走廊，整座城市坐以待毙。直到以后的几年，石砭峪、石头河和渭河上游支流黑河的水先后穿过长长渠道姗姗到来，千年历史的古都获得了喘息。这条渠道从眉县开端，沿秦岭北麓东行，串联起了黑河水库、石头河水库、沣峪和西安正南方的石砭峪水库，每天向西安市区供水 110 万立方米。

黑河和石头河自身水量有限，只能解燃眉之渴。此后数年中，秦岭南麓的两条汉水支脉湑水河和乾佑河，先后穿越几公里和十几公里的秦岭隧道北上，汇入黑河水库和石砭峪水库，成为黑河水的补充。其中乾佑河调水量是每年 4697 万立方米、湑水河的调水量是每年 4248 万立方米，两者叠加相当于黑河总引水量的近三分之一。这两项工程分别于 2007 年和 2010 年投入使用。

乾佑河穿越秦岭的输水隧道长达 18 余公里，借助了先前建成的秦岭高速公路隧道，石砭峪水库也在这条线路上。每次我坐高速大巴穿越秦岭回乡，都会经过这座深山里瓦蓝浩淼的水库，并在隧道南出口处看到“引乾济石输水隧道”的标牌。再往下游，则是近乎断流、沙石裸露的乾佑河道。这是为了西安市民饮水付出的代价，也是汉水最初为缺水的北中国做的捐献。

为彻底解决西安用水问题，间接从汉水支流调水仍显不足，在国家层面南水北调工程实施的同时，2008 年之后，引汉济渭也提上了陕西省的议事日程，工程设计是在汉中洋县黄金峡筑

秦岭深处的石砭峪水库，其中含有从汉江支流乾佑河翻越秦岭调来的水，这是中线南水北调的最早尝试。

坝，加上泵站提升，调水北上经隧洞穿越秦岭，分配到关中各受水区。

2019年6月，我来到黄金峡，大江尚未截流，江水经过挡洪墙和导流渠从南岸排走，墙内现场正处在开挖河道和修造坝基的繁忙之中，四处是卡车的穿梭、挖掘机长臂的屈伸、打桩的喧嚣烟尘与像蚂蚁一样忙碌的工人，塔吊和钢筋笼子还未竖起，看得出筑坝工程还处于很初期的阶段。相比之下，两旁高耸的边坡更为显眼，已经被覆水泥和钢筋支架，工人正攀爬其上进行后期加固，动作显得有点漫不经心。一个四川包工头告诉我，因为工程款紧张，他们已经有两个月没有拿到工资，只能一边干一边等待。

引汉济渭工程的身世一直伴随重重争议。在国家南水北调的背景下，这一地方调水工程在下游省份看来分明有截流嫌疑。而从陕西省自身立场来说，却是不得不为的民生工程，毕竟随着西安和咸阳的城市群发展，关中平原更趋缺水，而引汉济渭也可叫作自家有水自家用。工程未批先建，2009年开工，于2013年初遭到环保部叫停并罚款，直到2014年才获得国家发改委批复，通过环评。由于工程投资巨大，一、二期相加近400亿元，近五分之四资金靠陕西省多方自筹，因此施工进展缓慢，到2020年11月才实现截流。

引汉济渭工程计划年调水约每年10亿立方米（远期约15亿立方米），相当于汉水汉中段年均径流量的大约三分之一。

湖北省从前是汉水中下游的主要受惠省份，汉水滋养了江汉平原发达的农业网络。眼看汉江水不断从丹江口坝上被分走，湖北省不甘坐视，上马启动了鄂北调水工程。

鄂北调水工程的面世要比引汉济渭顺利许多，从2012年提出设想到获批动工，只用了不到三年时间，受到国家层面更多支持。工程自丹江口水库坝上取水，自西北向东南横穿鄂北丘陵俗称“旱包子”的地带，总长269公里，灌溉面积363万余亩，每年调水7.7亿立方米。

三项调水工程相加，汉水在丹江口水库坝上每年被调走的水量总计近110亿立方米，接近入库水量的三分之一，至于远期更是达到40%。这对于一条水量不算丰沛的河流来说，奉献不可谓不大。在世界范围内，也没有大江大河身负这样的使命。

“跨流域调水对生态影响大，是万不得已的办法。”翁立达透露，南水北调中线工程经历过两次环评。第一次也是在1995年，由长江水资源保护科学研究所论证，完成了环境影响报告书，通过了审查，自后三年，水利部内部对北方是否缺水进行了重新论证。工程实施因此搁置了几年，没有实现北京奥运会期间开始向北京供水的目标。进入21世纪，长江水资源保护科学研究所重新编制环境影响报告，论证结果依旧是北方重度缺水，中线工程因此再度规划上马。

2014年8月底，丹江口大坝上方烟波浩淼，墨绿色水面点缀零星岛屿，引导人员称之为“小太平洋”，宽广的水面下有淹没的均州古城、淅川的大片土地。坝前汉江水位看起来并不高，坝体显露出消落带痕迹，引导人员介绍有143米，准备到10月1日蓄到170米正常调水位。当时没有想到，这个目标要到七年之后才第一次达到。

无论如何，向北中国输血，是汉江70年前已经注定的使命。

2014 年夏末，缺水的丹江口库区。

采血与补血

北京西郊芦沟桥南边不远，乘坐京石高铁的旅客近年经过时会看到一大片水面，反射着不同于北方河流的蓝色水光，而在早先，这里只是一条干枯的泄洪道。

这是大宁水库，从丹江口调取过来的“南水”，到了这里被暂时贮存，作为进入北京市的第一站。

2020 年 8 月 27 日下午，大宁水库的水位不高，岸边露出大片湿地。水面被封闭在铁丝网之后，从这里看去没有了高铁上俯视的湛蓝，只是泛着平淡的白光，在水面的深处，却似乎仍有一丝隐约的碧绿，保存着汉水与生俱来的气质。水面格外平静，仿佛经过了 1260 多公里的长途跋涉，它已经略为疲惫。

但在这里只是暂时休息，平静的水面下一刻不停地在进行水体流转，迢迢而来的汉江水还需要经由地下的南北两条总干渠，注入北京市市政输水管网，最后到达各家各户。即使是在人们日常穿梭而过的 1 号线五棵松地铁轨道下面 3.67 米深处，也有内径四米的巨大输水管道穿行而过。到今天，北京市民打开厨房水龙头，每一滴水中都有 70%来自汉江，而在天津则是全部。自来水的硬度降低了两倍以上，口感舒适了很多。

水库外侧也有几处在施工，铺设通向石景山门头沟的输水管线。大堤外从前是永定河干枯的河道湿地，如今也形成了湖泊，生长青翠茂密的苇丛，几位居民在湖边垂钓。同他们的聊天之中，水库的保安并不知道水从何处调来，看工地的师傅说是长江水，从河北河南交界处调来的；即使跟他提到汉江，他也没反应。一位垂钓的大爷知道水是来自丹江口，但不知道汉水。他旁边的中年人说这里从前开发成了高尔夫球场，只有小水坑，现在的水大，水里有几十斤的鱼，前一阵有人用粘网一次捕到三四千斤鱼，他也弄到了八九十斤。

顺着水库外上行，旁边类似的湖泊有一连串，分别叫作宛平湖、晓月湖、园博湖，都是来自北调的汉江水补给。资料显示，直到2018年6月，南水已经累计向这几个湖泊补给1006万立方米。这是汉水北上在保证工业和生活用水之外的另一重任务，补水改善北方河流湖泊生态。除了眼前这几个小小的湖泊，白洋淀、滹沱河、大清河、潮白河等北方重要水系也都在南水的补给下得到了充盈改善，可以说每一条变清了的北方河流中，都含有汉水清洁的血液。白洋淀水质从劣五类提升到四类，有力地保障了雄安新区的建设，北京市地下水位则在六年中回升了两米多。有了南水的帮助减负，北京市“水缸”密云水库的蓄水量也大为增加，水线节节上升，告别了过去时有见底之虞的状况。

而在丹江口坝下，情形与坝上判然有别。2014年夏天，除了直接停水的宜城和潜江等地，襄阳人的感受最为明显。丹江口水库开始蓄水之后，正值天旱，汉江的下泄水量减少了近40%。公益组织绿色汉江的志愿者王红斌在丹江口大坝下游跨江大桥看到，水位下降有一米多，落到了水文柱最低刻度以下一截，远低于往年的水线痕迹。一位附近的渔民说，蓄水以来，丹江口水库“不敢发电”，只开了两台机组，因此下泄的水流很小。

襄阳市农田遭遇了重大旱情，启动了救灾响应，退休干部、绿色汉江创始人运建立在几个县的重灾区看到，稻田中裂缝宽得可以插进手掌。玉米的灾情同样严重，我在鹿门山附近的田野里看见，玉米的叶子已经打卷，有的地方像是被火焚了一样变为赤红。一位老农告诉我这片农田已经绝收。幸好八月底降了两场雨，但作物过了生长期，一部分损失已经难以挽回。

襄阳市防汛抗旱指挥部的人员介绍，稻田抗旱每亩需要浇水两立方米，但汉江的水位不够，不能达到自流，只能用泵站提水灌溉。

沿着从襄阳到潜江的江汉平原公路一行，能够立刻感受到这片传统农业地域对汉水的依赖。纵横的输水渠道、比比皆是的水闸、遍地醒目的节水标语，以及江汉油田、沙洋农场、种植场、小龙虾繁育中心、饲料场的大字招牌，掩映在漫无边际的玉米、芝麻、水稻和油菜田之中。即使在潜江城里的公交上，仍可见三三两两头戴草帽、手持镰刀收割归来的妇女。输水渠道全都发源自汉江，沿途的新集、碾盘山、兴隆水利枢纽都有强大的灌溉功能，这些水库本身的作用之一，也是尽量把水留下来，同时提高已经下降的水位，便于引流灌溉。此外，湖北省还在南水北调通水前夕规划了汉东引水工程，每年从汉江钟祥段通过泵站提水约一亿立方米进行灌溉。

农业用水之外，汉江中下游的丹江口、老河口、襄阳、宜城、钟祥、沙洋、潜江、仙桃、汉口等所有沿江城市生产生活用水也都在汉江取水。关于江汉平原和沿途城市群对于汉水的依赖和消耗，出生于随州、曾经在老河口和襄阳生活的历史学家罗新有一个形象的观感：汉水水量在老河口显得很大，到了襄阳变小了，但仍然比最终汇入长江的汉水大几倍，当他第一次去汉口眺望时感到很惊讶，“这么小一点”。事实也正是如此，以汉水中下游最主要的皇庄和仙桃水文站为例，前者位于钟祥县，（调水之后）测得的汉江近来年均径流量为 327 亿立方米，到了下游 100 多公里的仙桃，却下降为 292 亿立方米，河道也越变越窄。古代的汉水到了下游由于地势低平四下漫溢，河湖难辨，甚至与长江水相互顶托形成巨大的云梦泽。到了现代，情形却反了过来。南水北调中线通水前后发生用水告急的，远不止潜江一处地方。

2014 年以后数年，汉江中下游维持少水少雨态势，直到 2019 年降雨量增多，但集中在汛期，难以蓄积利用，造成洪灾和干旱交替。

从 2014 年到 2020 年，汉江中下游各主要水文站流量均有较大幅度的减少，丹江口坝下、襄阳、钟祥皇庄和仙桃多年平均径流量相较调水前减少幅度分别为 32%、31%、28%和 25%。

与此同时，北方进入了持续的丰雨期，尤其是近几年更为明显，河南、山西等地都出现了洪涝灾害，20 世纪 90 年代南水北调规划之初的“南欠北丰”争议浮上水面。翁立达介绍，20 世纪 90 年代以后，中国北方一直有降雨增多的趋势，而南方却在减少。长江从 1998 年洪水之后，旱的年份多，宜昌段径流量减少了 500 亿立方米，相当于一条黄河。“假如某个年份南方水少，北方水多呢？或者南北两枯，还调不调？”

显而易见，在向北中国输血的同时，失血后的汉江靠自身已难以继续承担哺育这片平原的职责。为汉江输血势在必行，引江济汉成为现实的选择。

2010 年 3 月，引江济汉工程开始破土，线路是从长江荆州段引水至汉江兴隆大坝下方，长江水穿越 67 公里渠道、跨越长湖进入它的支流汉江，又最终经由汉口回流，形成了一个闭环，当然其间有大量的用水消耗。引江济汉工程每年可往汉江调水10多亿立方米，对汉江下游用水和生态不无小补。2014年的干旱季节，原定于当年国庆通水的引江济汉工程于8月8日应急通水，解了潜江、仙桃和汉口的燃眉之急。2017年7月，湖北遭遇特大旱情，从7月1日至8月31日，引江济汉工程累计引水14.6亿立方米，500万亩农田、百万人口从中受益。

但对于汉江下游的居民来说，掺杂了长江水之后，眼前已经不是从前绿色清甜的汉江水了。长江的水质本来低于汉江，尤其是含沙量大，颜色浑，输送途中又经过了污染严重的长湖，注入汉江后，水体变得有些灰蒙。引江济汉运河通水后大半月，潜江泽口河段长年住在船上的渔民肖某在黄昏煮水烧茶，作为一天劳累后的补偿。“以前我们直接喝江水，味道清甜，不坏肚子。现在喝长江水，要烧开。”言语间颇以为憾。

通水后数年，泽口江段的泥沙淤积大大加重，江流退到了河道中心，露出大量的消落带，人走到江边去，需要在淤泥中踩出深过脚踝的串串脚洞。水面完全失去了往昔的青绿，变得和任何一条河或者一座池塘没有分别。

上游几十公里处，是引江济汉运河汇入汉江的河口，可以眺望兴隆大坝。2020年9月我来到这里，顺着运河一直走到河口，看到由大坝下来的汉江水显得青绿，近于透明，而运河水浑浊一些，没有那种自然的底色，两者在河口附近形成一条曲折又清晰的分界线，就像长江上游与嘉陵江交汇的情形。

到了汉口，经过自净作用，汉江又大体恢复了青绿的本色，再次与长江形成清晰的分界线。引江济汉流入汉江的水中，只有一部分回到了长江，大部分在途中用于灌溉和饮用了。但在汉江和长江交汇处的长年游泳爱好者看来，汉江水仍然是没有往年清了。

引江济汉缓解的是汉江兴隆坝以下的缺水状态，对于从丹江口坝下到兴隆这一段来说，损失依旧存在，而引江济汉的调水量也有限。一次补血不够，“引江补汉”工程因此应运而生。这并不是一个全新的方案，60多年前在黄河水利委员会提出的“开万里长河”意见中，指出1955—1958三年中，长江水利长江流域规划办公室和黄河水利委员会曾经数次勘查由长江引水至丹江口，再经河南方城进入郑州的调水路线。2002年国务院批准的《南水北调工程总体规划》说明了远景规划是从长江三峡水库或以下的长江干流引水增加丹江口北调水量。在汉江开始向北方输水之后，随着下游用水和生态吃紧的呼声，引江济汉迅速被摆上台面，但确定具体的调水路线却大费周章。备选方案有大宁河、神农溪、龙潭溪等路线，大宁河路线是从大宁河提水北上入堵河支流，再顺堵河进入丹江口水库；神农溪方案是从巴东县神农溪引水北上，穿越神农架进入堵河，出堵河口注入丹江口水库。大宁河和神农溪方案分别受到四川和湖北两省青睐，前期勘查设计工作很深入，十堰当地的人大代表也多次在省级“两会”上提案要求尽早确定按神农溪方案开工。最后一条龙潭溪方案，路线是从宜昌市夷陵区龙潭溪引长江水北上经谷城县等，最终在丹江口大坝下游不远处汇入汉江。

2021年，国家发改委最终选择了施工路线最长、投资最高的龙潭溪方案。其中道理其实不言自明：前两个方案中长江水汇入丹江口水库，由于长江水质低于汉江，将使“一江清水送

引江济汉运河和汉江交汇处，从长江调来的水颜色更浑浊，分界线明显。

北京”难以保证；而选择在丹江口坝下补充汉江水，既可满足汉江的补水需要，又不影响丹江口水库水质。从这个角度看，“坝上坝下有别”是客观的事实，但坝上坝下需要以同等的认真保护生态和水质，也是事实。年内引江补汉工程即将开工，每年调水约40亿立方米。相比起下游的引江济汉，这个工程对汉水的补充力度要大得多。

除此之外，上游的“引嘉济汉”也引人遐想。在郝步荣等人的早期勘查中，这条路线曾经作为南水北调中转线路被提出，引汉济渭上马后，水利学界开始研究引嘉济汉对引汉济渭的水量供应调节作用，一些汉中籍民间人士更是疾呼启动引嘉济汉，否则汉江上游水资源将“日渐凋亡”。一位寓居北京的汉中籍建筑师在网帖中详细列举自己构想的调水工程细节，引证了学术界对于历史上“嘉陵江袭夺”的研究，并且明言自己的呼吁中包含了对于陕西省将来启动“引嘉济渭”的担心，这样将从上游的嘉陵江、西汉水截走水量入渭河，使得引嘉济汉不再可能实施。这种担心不完全是空穴来风，网络上确实有一些引嘉济渭的民间方案流传。

引嘉济汉的呼声得到了官方的回应，2019年2月，国家发改委在征求关于对引江补汉工程规划意见时，陕西省政府复函中明确提出建议将引嘉入汉工程纳入调水方案进行比选。2020年，陕西省水利厅对当年政协会议上农业和农村委员会提出的“引嘉济汉”建议案回复称，该项目已经列入陕西水利改革发展“十三五”规划。如果构想成真，可以说是在某种程度上恢复了部分学者研究中古代汉水的面貌，嘉陵江把“侵夺”汉江上游的水量部分还给了汉江。自然这需要得到国家层面的支持，还会引起嘉陵江下游四川省的反应。

随着引江济汉、引江补汉工程的相继实施，汉江和长江之间已经形成一个四边形的循环，原本的干流和支流、上游和下游的关系变得模糊不清，水流也变成汉中有江、最终又归于江。如果引嘉济汉实施，则会组成一个包括长江、嘉陵江、汉江在内的更大循环。加上南水北调中线、引汉济渭，汉水已经由一条传统意义上的河流变成一幅水网，横跨东西南北。这在世界的大江大河中，也是独一无二的现象。

在历史上的改道之谜以外，汉江在当下又增添了复杂奇特的身世，缘由却是它的质地单纯、清白透彻。对于一条本性婉约的江河来说，这是宿命，也是无从推卸的使命。

哺育与泛滥

张安明住在石泉县汉江岸上一处土屋中，带着一个小小院落，与众不同处是经过了简单修饰，檐下立着几副带底座的石头，门上挂着“汉江奇石馆”的招牌。张安明从前是栲胶厂的下岗工人。他孤身一人居住，并不宽敞的屋里略经布置，人只占很小位置，大部分地方让给了石头，他珍重地为石头打蜡，安上底座，像是郑重安顿各位亲人。虽然标明了价格，但张安明说这更多是给外人看的，他不会轻易出手。

在汉江中搜寻奇石，是张安明从1994年就开始的爱好。以后下岗没事做，索性见天低头在河道里转悠，别人看他像疯子。经手的石头多了，他不需要一块块翻动，只要外头没有裹着泥巴，一眼下去就能看出质地。100平方米以内有无奇石，三五分钟就能扫描过来。在石泉这一段，他自认为第一人。

汉江清澈柔和的流水，把一块块平常的岩石打磨得细腻，又保留着近乎江水的纹路，似乎仍在流动。有些被张安明加上了象形的名称，有人物，有动物，其中还有硅化木，说明着在地质年代上或许比长江和黄河更早的汉江历史。

张安明一般是在汉江河道里寻觅石头，他发现汉江里的石头要比支流里的好很多，只有那些质地最纯粹，经受住了长久打磨的石头，才会汇聚到汉江干流中来，其他的则在半路淘汰了。每一块经受了淘汰而保留下来的石头，也具有了某种灵性，可以和人心联结。这也是张安明愿意长年和石头待在一处的原因。像他这样的奇石馆主人，汉江上下游还有很多，他们心目中汉江石的温润纹理和透彻灵性，与其他任何一条大江大河的石头都不一样，是汉江用凝固了的语言在和他们对话，讲述千万年沉埋淘洗的往事。

近年来挖沙淘金兴起，沉寂千年的河道被翻掘，底层的蕴藏都翻转出来，寻找奇石在这里先是盛极一时，几乎人人参与。而后又黯然沉寂，随着各级电站蓄水，过去的河道都变成库区，加上水土保护禁止挖沙，如今很难再找到好的石头，连从前的江滩也难寻觅了。

喜河镇下游仅剩的一处沙滩，还保留着月亮迂回舒展的形状，和雪白洁净的质地。江水漫过沙滩的五色石子，似乎不存在，却又滋养了那些石子的性命，透露着不可名状的姹紫嫣红，闪动明灭的花纹。把一颗石子从水中拿出来，难免会减色。

张安明喜欢偶尔在这片浅滩上赤脚走走，不为寻找奇石，那些五色小石子不够上手，只任清水漫过脚面，就得到了某种心安。

几年后再次路过奇石馆，已经人去门闭，墙上留着的手机号无法拨通。随着下游喜河电站的蓄水，张安明曾经漫步的最后一片江滩也成为库区，他的爱好注定要被世事变动的潮水淹没了。只有小院中依旧陈设着的几块石头，在保存往昔的记忆。

也是在张安明搜寻奇石的汉水河谷中，发现了有重要历史价值的鎏金铜蚕。这件做工精美的国家一级文物，在河道里沉埋了2000年才出土，证明了当时汉水流域蚕桑、丝绸业的发达，成为丝绸之路历史的有力佐证。实际上，汉水养育文明的历史，比这条鎏金蚕证明的还要早得多。1989年和1990年，在湖北省西北部的郧县先后出土了两件古人类头骨化石，被命名为“郧县人”，经鉴定距今已有100万年，已经发展到直立人和早期智人阶段，改写了人类进化历史，从古猿持续到新石器的连续文化遗存发现，说明汉水一带是中国最早人类的活动中心之一，汉水是中国文明真正的母亲河。

安康市城区江北一带的中渡台，发掘出新石器到战国的文化遗存，史籍记载为“妫墟”，相传是虞舜帝故里，现仍存有石碑“虞帝陶渔河滨处”一通。实际可能是虞舜的某支后人迁徙到此，繁衍生息。在平利县的女娲山上有千年传承的女娲庙，古籍记载为女娲抟土造人之处。

周代以降，楚人在今天的丹江口、淅川交界一带兴建古都丹阳，以后逐渐向东南迁徙，汉水养育了繁荣的楚文化。2007年因为丹江口水库蓄水，在郧县堵河口上游几公里处抢救性发掘了辽瓦店子遗址，入选当年十大考古发现，有学者认为，这里可以被视作楚文化的真正源头。春秋后期，楚国已成长江霸主，汉水中游的襄阳、随县一带又兴起了曾国，在随县擂鼓墩发掘的曾侯乙墓出土了中国历史上最宏大精美的编钟和玲珑剔透、失蜡法工艺冠绝先秦的尊盘，虽然不一定出自随国本地的工艺，或许来自楚人馈赠，但也说明了江汉平原一带高度的文化艺术水准，和中原地区以巨鼎宏丽为尊或者西南三星堆以面具夸诞为美相比，似乎透露出汉水赋予的特有灵气。这番灵气，以后还浮动在孟浩然的清隽诗句和米芾画笔下的满纸烟云里。

刘萃是出生在襄阳的“90后”，她家住昭明台附近，城墙之下即是博物馆，童年顺着北街走上十几分钟就可以到达临汉门，俗称小北门，街道两旁有很多老旧的门面。

十几年前，这同样是罗新熟悉的路线。周末时间，他最喜欢的是带上一本书，从临汉门旁的斜坡爬上城墙，无人看护的府城城墙荒凉破败，却幸运地在“破四旧”风潮中保留了下来，给了他难得的安静攻书之所。秋天残破的城垣上开满了小黄花，似乎从衰败的历史深处恢复了生机，城墙脚下的汉水靛蓝如同蜡染。这成了罗新一生中最难忘记的情景。

刘萃会跟妈妈一起在小北门江边乘凉，将腿脚浸入汩汩拍岸的江水中，有时和伙伴从小北门坐渡轮过江，去对岸的米公祠，以及更远的鹿门山和古隆中。从小上语文课，老师就会让他们背诵下来每一首和襄阳有关的古诗，在课文中看到哪一首诗、哪一个诗人和襄阳有关，也会骄傲地指出来。成年之后，她离开了家乡，一直走到遥远的欧洲，眼下也在繁华的大城市工作，但偶尔回到襄阳，她会感到非常心安，在飘渺的桂花香中一觉睡到中午。和朋友们去一个叫“马跃檀溪”的地方吃烧烤，她忽然想起来这个名字中包含的刘备被人追杀，骑宝马的卢一跃而过檀溪的典故，不由深深感到家乡四处皆是历史。近年襄阳由襄樊改回了几千年间的原名，让她更加领略到这座生身城市的历史韵味。

最近一次，刘萃回襄阳去参加闺蜜的婚礼，担当伴娘。当迎亲车队开上襄阳二桥，经过宽阔的汉江江面，看到秋日的阳光洒在空旷江面上，远处的岘山淡影若有若无，忽然想起王维《汉江临眺》的诗句："江流天地外，山色有无中……襄阳好风日，留醉与山翁。"她感到自己的幸运，出生在一座诗歌与历史中的城市，不论走到多远，心底都会有一份被滋养的充盈。

近代以来，汉水流域在中国的经济文化地位下降，但正因如此却维持了良好的生态环境，保护了一大批独有的珍稀动植物种。汉中是大熊猫和金丝猴的双重栖息地，1981 年又发现了国内仅有 7 只、全世界也只有 10 只左右的极度濒危鸟类朱鹮。在精心保护培育之下，目前全世界的朱鹮种群已经发展到 7000 余只。2019 年，我在汉中洋县渭门镇住宿，旅馆后门临江，清晨起来就看见江边一棵大树上栖息了十几只朱鹮，起起落落间露出额颊羽翼的鲜红。村民说村子附近树上一共有五六十只，随着多年来保护措施的加强，朱鹮"已经不怕人了，能飞到离人两三丈远"。汉水江滩的湿地，是它们最合适的栖息和觅食地。眼下全世界大部分的朱鹮依旧生活在汉中，似乎离开了汉江的庇护将无处栖落。

千百年来，汉水的化育之功绵绵不绝。但婉约温良的母亲河汉江，也有它富于野性力量的一面，中上游由于地势崎岖，水急峡陡更显剧烈。

正史上的记载之外，翻开沿途各县的地方史志，卷帙中隐隐可见洪水泛滥。以白河县志为例，从明代弘治设县有记载始，弘治十一年（1498）夏汉江洪水至1995年，近500年间，大的洪水记载有33次，6次淹没河街街道、冲毁房屋，1983年安康特大洪水期间，记载水位高过河街街道9.8米，3个居委会3000余人遭灾，10家国有公司店铺被淹没，上河街房屋全部冲毁。

这次史无前例的洪水的最大受灾现场是上游的安康，许多人在7月31日那天经历了生离死别。关于大洪水的记忆，官方由保密到整理记录的转变之外，也在普通人心中回流延伸。

父亲担任地委干部的张燕当时是十来岁的少女，在洪水的前一天晚上，她梦见西安的表妹过来玩，两人一起去岸边看水，把脚探进水里，凉鞋被冲走，她在表妹的哭声中醒来，知道江水已经快涨上大堤。

张燕脖子上挂着一个小包，里面放着家中的存折，跟随一辆满载物什的架子车撤离，以后又捂着口罩过汉江大桥往西安疏散。桥栏下涨齐了河堤的一江水给她留下了永远的印象，像一大块被风鼓起的灰色布匹，就要翻过来，把这里以往的一切卷没。惊慌凄凉的情形，一直留在她的少女记忆里，很多年中她都不敢下水嬉玩，担心溺水的鬼魂“讨替身”。

王耀福是住在东头城墙里的菜农，他回忆那次先是下了三天大雨，下午三四点时眼看着水从东堤外漫上来了。东关城外向来是安康洪水的重灾区，这里地势低，没有城墙堤岸的保护，下游不远处又有黄洋河注入，一旦两条河同时发水，涨溢的汉江水到此受到黄洋河水的顶托，形成巨大的回水湾，将整个东堤外卷入其中。那天的江水涨势很猛，“十来分钟能涨十公分”，看着吓人，人们都往回跑搬家。到了傍晚七八点钟，大部分的老人、妇女、孩子都转移到地势高的新城，只留下青壮看家。有些老人却不想离家，因为汉江 400 年来没涨过足以冲垮城墙的洪水，他们不相信这次会例外，再说上游还有新修的石泉水库调蓄。他们只是把家什和自己搬上了楼，坐等水退。八点多水平了东堤，先是细细一线黄水流下，越流越多，忽然东堤决开了一个喇叭口，王耀福和留守的人们赶快往南逃跑，前脚跑后脚水头就跟着上来了，事后知道东堤一共决开了六个口子。水是从东往西倒灌，跑到老城门洞子内的山坡上，看到水涨到城门洞跟前，天上地下一片漆黑，甚至也没有哭喊的声息，只有洪水低沉的汩汩声，整个老城淹没在黑暗死寂的汪洋中。

陡然之间，东边天空升起火球，传来巨大的爆裂声响，离王耀福和伙伴们避难处 200 来米远的电石厂进水爆炸了，“那会儿人最害怕，感觉命保不住了”。火球一股股冲上天空，王耀福借着火光看到被水打了的草房屋顶在漩涡中漂起来，滴溜溜地旋转，有些房顶上还有人，树上也有人，事后从电石厂附近一棵大树上救下来十多人。房顶上有些是不想撤退的老人，他们的经验这次失了效，屋顶旋着旋着散了架，人就被洪水卷走了。有一家是三口上了屋顶，水冲倒屋子后 11 人被卷走，只活下来年轻的兄弟俩。另外，有些人按老办法扎了排子，全家四五口上排子等待水退，东堤外年年被淹，人们都是这么应付，不料决口的洪水正对着房子，连房子带木排都卷走了。王耀福的一个姐夫不肯撤离，睡在楼上，水来后他想出门，洪水把东门顶住了，幸好房子开有西门，他奋力把门砸开，被大水一裹而走，冲到后面体育场爬上一棵大树，半夜遇到一个年轻人划排子进城找家人，家人没找到把他救了。

王耀福在学校操场打地铺挤着睡了一夜，天明忙着回家查看，老城水还有十几米深，几个人用漂浮的木板扎了个排子，慢慢在水上划回去，用杆子探下去看水底房子还在不在，没有探到，他新盖的二层砖混楼房在洪水中就此消失了。更不用说那些土墙的老房子，见水就倒。王耀福把木排拴在附近一棵大树上，在房子地址附近守着，等待水退，下午两三点东堤外油库又爆炸了，原因是水面上漂了一层油，有人在水上捞东西，抽的烟头丢进水里，引发了爆炸，烈火点燃水面又引爆油罐，火光冲天，油桶飞上天空，就在离王耀福五六百米的地方，感觉热浪扑面。很多人烧死在水里，其中包括王耀福的一个朋友。王耀福极度恐惧，火焰顺水面延烧过来，他划回老屋经行的水面上也有油污。所幸水慢慢往东边退下去，含油的水没有流过来。到处有人喊救命，水面全是人头和杂物，划子都划不动。东关蓄电池厂也被淹没，有一种炭灰在水上漂浮，形成黑水层，在水里的人都被染成漆黑。

王耀福一直在划子上待到天黑才上岸，当天半夜流传一个谣言，说上游刚修起的火石岩电站大坝溃决了，所有的人又都往更高处山上跑，哭喊吼叫声响成一片，闹腾了两个小时又回来了，实际上火石岩电站当时尚在修建，并未下闸蓄水。第二天一早，王耀福找了辆三轮车回去捡拾东西，沿途看到死尸，牲畜尸身都胀圆了，水面和地上是百样的漂浮物，王耀福把老屋里要紧的东西装了一车运走，把水泡过的铺盖也拿走了。大部分人没有车只能捡回点细软。

很多天里王耀福和众人一样只能吃直升机空投的压缩饼干，当时还没有瓶装矿泉水，人们到处找水喝。幸运的是，他总算保住了新房坍塌后遗留的建筑材料，一个月左右之后，政府给每家受灾户发放了几根竹竿、几捆芦苇秆、两块牛毛毡，让大家搭棚子，王耀福一个人住在搭的棚子里看家，守护码放的建筑材料。直到一年之后，政府补贴了几百块钱，王耀福终于重建了房子，不过只修了一层平房，“再往起爬”。过了很多年，又给平房加了顶子。

事后王耀福知道，自己所在的蔬菜生产队淹死了几个人，北堤脚边一个蔬菜队淹死了十余人。洪水带来的创面很难短时期内复原，四年后我来到安康上高中的时候，洪灾的遗迹还历历可见。老城里还有漩涡淘掘出的深坑，广场上有从洪水中抢救出来生锈的篮球架，我还在路边摊上买到一本洪水浸泡过的《昭明文选》，大字本的书页上清晰地刻划着深浅交界的水线。

不论如何沉重，这次洪灾仍旧被接纳了，变成新修的防洪大堤上水文柱最高的一处刻度，和世代汉水记忆的最近一部分。这种记忆从古开始，周而复始，在方志和口传的记忆之外，也已经进入了民歌和艺术。我听到的一首当地在红白喜事上演唱的民歌是这样的：

小奴家今年一十七
家住兴安白龙堤
同治六年发大水
先淹油坊街
再淹白龙堤

小奴家一见着了急

老城搬到新城里

有钱的哥哥不来耍

无钱的哥哥刷毬皮

衣裳脏了要奴给他洗

鞋子旧了要穿新的

好吃的 好喝的

他说小奴家应该的

小奴家偷人怄了气

攒几个银钱回竹溪

兴安府是安康的旧称，竹溪则是湖北相邻的一个县。按照这首歌的内容，我检索了方志，在同治六年（1867）找到了汉江洪灾的记载，那年的水位只比1983年洪水低1.24米。很显然，它叙述了久远年代中的汉水洪灾，还有当时安康老城作为汉水上一个重要码头的面貌，有河街、河堤、油坊、青楼，邻省竹溪县的女子由于当地没有水码头，也要远赴安康来做皮肉生意。这反映了当时安康老城的繁荣。随着连年水灾和航运兴衰，安康不断由老城向新城迁移，港口河街的面貌渐渐模糊，1983年的水灾又来了决定性的一击，从此，东关河街几乎不复存在，只在一些烟熏火燎的老式铺板门面上还能觅得踪影。

此后，安康没有发过1983年那样的大水，但东坝仍旧频频遭受洪灾，资料记载多达19次。城外的金州康城小区房价一直上不去，原因就是两次在洪灾中进水，小区一层的设计是用作车库，本来也是预防洪水，两次都被淹没。附近习惯了洪水

现在的安康市下游江边：黄昏乘凉浴狗的人群。隔江相望的城市。

涨落的居民不愿撤离，住上二楼，划小舟出行往来。直到2017年东坝防洪工程主体建成，东坝片区居民才告别了年年泛滥的循环。

眼下大坝外的汉水已经变成滨江休闲景观的一部分，以及上游电站的泄洪道。平时水量很小，萎缩到江心，露出大片沙滩和灌木丛生的滩涂。水坝、电站和大堤削弱了它的存在感，但对于这个城市来说它仍然不可或缺，提供着饮用水源、生态景观以至建筑沙石的来源。

袁勇军1973年在石泉县城出生，正赶上县城上游水库竣工，对他来说，每年涨落的汉江洪水并不像威胁，更近似童年的保留游戏节目。一旦上游石泉水库开闸泄洪，满城奔走相告，聚集于大堤上看水，平时清浅柔顺的汉江此时成为浊浪巨流，奔泻而下，卷起一个个汹涌的漩涡，携带各样漂浮物迅疾掠过，扑打着堤岸，一寸寸吞没岸上标记水文的道道红线。按照水文刻度上的标准，每三五年汉江就要涨一次大水，最高水位离漫过大堤只有一米多高程，与上游大桥桥面齐平，对岸公路以下全被淹没，有似钱塘江大潮。

水势之浩大事后难以想象，但可从河岸树林的遗迹窥见一二。树身和枝条全部向下游倾倒，几丈高的树梢挂满了碎裂塑料布条和杂草垃圾，似乎另一重地层，起初使人不解，以后明白是洪水过后的遗留。这些乔木在洪水中屹立不倒，周而复始，形成了今天独特的姿态，有似历劫的汉江子民。

对于他们来说，洪水是灭顶灾难，是梦魇，但又是生活的一部分。梦魇过去，恢复了清浅温良的汉水，像千百年来那样徐徐流动，仍旧是稀少珍贵的血液，不可须臾或缺。

石泉县城外汉江大堤的洪水水位线，有“20 年一遇”“30 年一遇”的标识。

迁徙与回流

2021 年 4 月的一天傍晚，天气阴沉，十堰熊家湾的山坡提早陷入黑暗。这里是一片荒山，和一条公路之隔的城市灯火疏离。山湾入口是一片已被拆除的废墟，经过几百米长没有路灯的小径，一座大公厕的出现说明着这里和市政的一丝关联，其余则自生自灭。在这里前不久发生过抢劫案，一个下班回家的女子在小路上被人掐住脖子，劫犯抢夺她手中的小包，被惊动的邻居追赶，不敢跑向马路，索性向上钻入密林，翻山越岭而逃。

这处被城市遗忘的角落，是韩天喜和曹胜华一家九年来落脚的地方。

2010 年 8 月 30 日，在中线南水北调移民全面启动的背景下，他们和数百名亲戚邻居一起，告别了世代居住的十堰柳陂镇辽瓦店韩家洲，迁往相距数百公里外的随县凤凰山镇黑龙口移民村，户口本和身份证上也变成了黑龙口人。

但他们只在新的住处待了不久。背井离乡，一切似乎如此格格不入，尤其是水。生长在汉水环绕的韩家洲岛上的韩天喜和曹胜华，还有他们的儿子寒江，难以接受黑龙口颜色浑浊、泛着刺鼻漂白粉气味的机井饮用水。这和家乡掬之可饮的汉江水差距太大了。短暂的一年半载之后，他们和很多汉水移民一样，转头回到了老家十堰，尽管那里他们的老屋已经被推平，韩家洲再无立足之地。

以后的生活，是在十堰市郊各处辗转漂泊，成了在老家的外乡人，立足之地对于他们来讲变得昂贵，直到来到了拆迁之余的熊家湾。山坡密林间零星点缀几幢村民的旧屋，曹胜华家租住着其中一幢的二楼。

这是一幢真正字面意义上的水泥楼房，外墙和室内都一贫如洗，如同一家人在其中的生活。鞋袜和什物摊在凳子上与地上，一根绳子上悬垂着沉重腐臭的衣物，盆碗里凝结着上一顿的残羹，是自家种的小菜打的汤，烧柴火的锅灶里扣着隔夜的猪食。拿给客人的水杯有一股油腻的味道。没有空调，没有电风扇，没有电视，没有窗玻璃，没有卫生间，老人床前放个尿桶。熏黑的电灯光下面，一场车祸之后变得认不出人的韩天喜敞着上身打蒲扇，脸上总挂着呆滞笑容的是他自幼智障的小儿子。小孙女只能趴在凳子上做作业，唯一智力正常的曹胜华只上过小学，没有能力提供辅导。

这一切和搬迁之前的光景差别太大了。那时韩天喜家是韩家洲岛上数得着的富裕户。家里有一条大铁船，身为船长的韩天喜在汉江上下来回运沙，家里还另有一条渔船，这是寒江的业余消遣所在，他从十几岁开始出门打工，直到在十堰周边就业，结了婚，在十堰城里买了二手房，仍旧时常惦记着回岛上去游个泳，撑上船下几把网，寻回儿时整天泡在水里的感觉。

搬迁之后，一切都改变了。家里的两条船都卖了，一共得到几万块钱。从黑龙口回流之后，失去职业的韩天喜只能四处做小工，以后买了一辆三轮车和曹胜华一起收起了破烂，陪伴孙女在十堰上小学。寒江和妻子离了婚，大的女孩归妻子抚养，寒江需要掏抚养费，小的女孩归寒江，由爷爷奶奶照看。公路上这一截没有红绿灯，来往的车辆速度很快。一次韩天喜在骑摩托接孙女回家途中，被另一辆疾驰而过的摩托车撞飞了出去，颅脑大面积损伤，肠子也撞坏了，割了一截，以后人就没用了。女儿早年出嫁，儿子寒江长年在外打工，收入大抵只够自用，曹胜华成了唯一撑持家计的人。

家里的收入主要依靠韩天喜、智障儿子和他本人的三份低保，每月总共900元钱。曹胜华能够领到低保的一个原因是她本身患有脑梗，需要长期大剂量吃药。虽然如此，她仍旧要骑上破旧的三轮车，到处去拾矿泉水瓶子和易拉罐，也四下拾废铁。由于人老头晕弯不下腰，只能手里拎一根铁丝，铁丝头上系一块捡来的大号吸铁石，遇到地面上的螺丝铁钉之类废品就随时吸起来。这块方形的吸铁石带着一个系绳子的小眼，是曹胜华以前在玻璃厂拾荒捡到的，她本来有好几个，另外的被人抢走或者送人了。此外，则依靠她种菜养猪。

曹胜华在房前屋后的坡上开辟了几块菜地，种小白菜和豇豆，自家吃不完就拿去卖，因为卖小菜的人多，要由智障的小儿子挑上一公里路到繁华一些的路口，再由曹胜华叫卖，两篮小青菜可以卖出30块钱。一个月下来，卖菜加上捡破烂可以挣到600块钱，加上低保，勉强维持一家人的用度。

吃药是家中花费的大宗。光是曹胜华每天吃的药就有十几种，每顿抓起来一大把，是治疗脑梗、高血压、心脏病、糖尿病以及胃炎的药物，此外还有治疗丈夫中风和智障小儿子的精神病药物，在积垢的木桌上堆成一座小山，由于都是门诊药物，又没有在户口所在地随州看病，能够报销的很少，一个月下来药费就要近千元，加上房租和生活费，导致入不敷出，外债累积，单是欠娘家弟弟就已达七万多元。

房租是眼下最紧迫的事。每月 500 元、三个月一交的房租，成了定期需要跨越的难关，眼下已经拖欠了一期，房东放话补不上就赶人。房东自己住在公路斜对面的天麟时代小区里，收取这座荒坡上八户人家的房租。无奈之下，女儿上个月周济了 300 元，寒江给了 200 元，仍然凑不齐提前收取的季付房租。在十堰的寄居日子似乎在这个夏天走到了头，“如果实在交不起，就准备下黑龙口去住了”。

但是到了次年春天，一家人仍旧住在十堰。

下黑龙口居住，看病的费用可以省一些，同样是住院，报销比率高出一截。去年曹胜华中风期间，在十堰一周的花费等于在随州一个月。但是随州一带没有特别好的医院，相比之下十堰拥有好几座三甲医院。去年，韩天喜肠道切除手术后复发，在随州住了一个月院，人差点没了，准备办理后事，转回十堰医院才治好，这也是寒江想让父母安置在十堰的原因之一。

黑龙口地处偏远，和镇子隔着几里路的距离，收废品和卖菜的收入会消失。分到的土地比在老家少，搬下去头一年曹胜华和丈夫学着当地人种了一季水稻，收了八九百斤谷子。曹胜华还打算在村里空地种树，被制止了，说是要建健身广场。移民村里也不能像在韩家洲时养猪牧羊。“只能待着，种点粮食菜自己吃。”直到近几年，一部分移民才发展起了果树种植产业。

十几年以来在黑龙口移民村里常住的人户，始终没有超过一半，人数则不到三分之一，并且都是老人和孩子，年轻人大都回到十堰讨生活。

寒江远在武汉。去年他离开了十堰的建筑工地，放弃了包工的行当，转到武汉房产公司做中介，原因是多年患乙肝，2017 年查出了肝硬化，近来已经有少量腹水，靠吃药维持，干不了搬砖焊接的重活了。他不敢告诉同事们自己的病情，害怕丢掉工作，日渐沉重的病势又使他难以支撑。刚到房产公司业绩没打开，1000 块的底薪加上为数不多的提成，自己的生活也敷不住。除了和前妻的两个孩子以及家中的老母病父智障兄弟，他还有第二次婚姻生的孩子要养，实在是不敢倒下来。晚上长期失眠，焦虑袭来时，只有靠抽烟抵挡，一天要抽掉一包，明知伤害身体却戒不掉。

在异乡街头，有时他难免会想到，如果全家没有离开韩家洲，一切或许都将不同。但命运没有如果。前年夏天，他特意从武汉回十堰，到韩家洲江面玩了几次，游泳到江心撒网，捞上来几十条翘嘴鲌与草鱼，过了一把瘾。小时候，他和韩家洲的所有小孩一样是游泳好手，可以一只手举着衣裤横渡宽阔的江面。从 2020 年开始汉江禁渔，这样过瘾的机会也不会再有了。随着家人最终搬下黑龙口，他离汉水和韩家洲都会越来越远。

寒江一家和黑龙口的情形不是汉水移民中的孤例。

根据公开资料，南水北调中线丹江口库区需要搬迁的移民总数是 34.5 万余人，其中 23 万人需要外迁，集中分布在湖北十堰和河南淅川，安置地则分布在两省内的随州、枣阳、武汉远郊、许昌等地，历史上还曾有过钟祥柴湖、长江南岸的嘉鱼县以至青海等地。十几年前的迁徙之后，一些人就地扎根，另一些移民则选择回流，在老家周边漂泊讨生活。

作为汉水的子民，他们努力从头开始，却无从和养育了自己的母亲河完全告别。

搬家

“一句话，舍不得。”

回忆离开老家的情形，韩正雨说。

2009 年 8 月 30 日上午，韩家洲的居民正在登上政府安排的船队，离开他们世代居住的故土。沉重繁杂的家当、依依不舍的心情、步履蹒跚的老幼，让搬迁行列显得臃肿而迟缓。有的家狗已经跟人上了船，临离岸却又自己跑回去，留守正在变成一片废墟的家园。拆除几乎是与搬迁同时进行的，刚刚登船的韩家洲村民目睹了身后挖掘机开进村庄，挥动铁臂开始大举拆除——为了断绝村民们回头的念想。这是各地的统一动作，在一张当时保留下来的河南淅川搬家照片上，移民身后宅基上黑烟腾起，几乎遮严了正在大动干戈拆房的挖掘机本身。

韩家洲是一座三面临水的岛屿。每当江水稍微上涨，它和陆地的联系就全然被切断了。和汉江北岸的联系，则自古以来只能依靠船只。岛上的居民清一色都姓韩，不知从何年何月开始聚居繁衍，到这一天已经有 483 人。

韩家洲的居民并未滨水而居，他们的房屋和土地都在 170 米水位线以上。但出于库区的生态保护，全岛仍旧整体被划入了移民搬迁范围。

收拾东西的过程中，韩正雨和母亲吵了架，原因是母亲舍不得扔掉多年的旧衣服。一件没有穿坏的军大衣，韩正雨说不

远眺江心韩家洲。

要了，母亲非要拿上，母子俩“差点打起来”，打不起来又落泪。韩正雨更留恋的，是去世的父亲给童年的他制作的玩具，譬如铁环，还有买的手枪之类。给老人准备的棺材，腌酸菜的坛坛罐罐，甚至木头挖的猪槽，都舍不得撂下。棺材最初是不让带下去的，但实际没有管得很严。除了这些，仍旧有一些大件的东西没带上，譬如梯子、过长的木材、做酒装粮食的大缸，等等。

韩天鹤一家也在迁徙的行列中，抬着自家使用了几十年的笨重坛罐、破敝家具和穿旧的衣料，这些东西他本想多舍弃一些，又被老婆一宗宗捡回行囊里。整理取舍的进程最为费事，半个月前就开始了，似乎周而复始无从下手。那些平时落在犄角旮旯的陈旧什物，完全不知哪一年派过用场，这时全都冒出来，无言地申明着它们的用途，以及对这个家庭的意义。

家什器物之外，韩天鹤和儿子韩可以还带走了不少石头，都是他们从汉江捡上来的，具有独特的形状、色泽或者纹理。父子俩甚至合力把一块以前根本没看上、当作墙基砌进了檐坎、形状像蟾蜍的汉江石挖出来带走。另一根形同男根的汉江青石甚至被搬迁工作队员看上，讪笑着索要，被韩天鹤断然拒绝。

像很多在十堰有工作的年轻人一样，韩可以没有跟随父母下随州，他把一些石头带到了自己的出租屋，今天仍然陈列在后来买的房子里，譬如一块像青蛙的黑石，另一块石头两眼一黑一白，神似猴头，被韩天鹤把白眼涂黑，洗不掉了。连家中两块当门墩的青石，当初是从汉江中捡回来的，也从韩家洲带到了凤凰山，以后韩可以买了商品房又捎回十堰，放到新房门口，依旧保留着江水冲刷的光润色泽。只有一块纳凉时当凳子的汉江石，因为过重被遗落在老家的院坝里，覆上了树木洒落的粉苔。

村民们什么也不舍得撂下的一个原因，是起初听说搬家是免费的，每个人都有几立方米的指标。事后才得知，搬家的运费是一立方米1600元，而政策规定的出县移民搬迁费补助仅仅每人95元，根本无法覆盖物流价格。车队虽然由政府组织，运费仍然从政策规定每人约3万元的移民生产安置费用中扣除。这个费用标准，实际上超出了老旧家当自身的价值，韩可以了解到当时从十堰到随州的货运价格只有每立方米1000元左右，去问镇长，“镇长回答说是移民搬迁有警车开道，安全”。

搬家船只在堵河口码头上岸后，需要装车转运500公里，到达随州凤凰山。家当磕磕碰碰，像人的心一样刻下了印痕。实际上由于蓄水前十几年不准建设，韩家洲人和所有淹没区移民家中一样，没有特别大件的东西。带不走的是记忆和在汉水环绕的韩家洲上的生活方式。

黑龙口移民村康国芬家的阁楼上，保存着一个木雕龙头，是从韩家洲带下来的。

龙头由一块整木雕成，木质沉得超乎意料，披戴红绸和像胡须的穗子。龙头从上几辈人开始用，旧了就漆一道，年代都掩盖在红蓝两色漆之下，仍旧如昨天般光鲜，说明了保存者的精心，穗子也是2016年换过。龙头雕工不乏讲究，有吐出的木舌头、带弹簧装置的伸缩犄角和额头雕刻的王字花纹，用的时候立在船头，还采摘当令的山花插上，花哨又不失威风。

用到龙头的场合，是每年的端午龙船会，这是韩家洲人最风光率性的日子，全柳陂镇十几支赛队之中，他们总是第一。

四年一度的全县龙舟赛中，他们也总是夺标。

即便是水性并不出众的供销社干部韩天鹤，也参加过划龙舟，享受过抢到彩头的快意。有时龙舟翻覆，大家下水七手八脚正过来，继续争夺各家预备的彩头。谁家台子放鞭炮，龙舟就往谁家去，争抢随时抛下的香烟啤酒、红包之类。搬迁那年的端午，赛龙舟的仪式最为热闹，远近人们慕名而来，塞满了一条江，人们心里都明白，这是最后一次真正的热闹了。

韩家洲有五条龙舟，龙头各家轮流接送，搬迁这年正好接到康国芬家里。龙船会结束之后，她不知往谁家送，就留在自家，又在搬迁时把龙头带来了随县凤凰山。

龙头离开了汉水，没有了用武之地，但在康国芬眼里，老祖宗传下来的龙头，“灵性还在，不能糟践了”。每逢大年初四，康国芬仍旧按照老规矩，将龙头披红挂彩礼送出门，再自家燃香炉炸鞭炮，将龙头接回来。邻居家也都炸了鞭炮。

康国芬家的外墙上，还靠着一只船舵，像一只庞大的木瓢，竖起来高过两层楼顶，是从老家的龙舟上取下来的。楼梯下还靠着几支船桨，桨身镌有“韩家洲青龙会”的字样，就是龙舟队的官方名称。康国芬自己也操过这些木桨，划过龙舟。在韩家洲，没有人不会游泳划船，即使是四五岁的孩子，也会抱住水壶酒瓶学凫水。

到了随县，人们的水性用不上了。黑龙口几个上小学的孩子想在池塘里学游泳，没学会。幼年离乡的他们，对于长辈赛龙舟还有依稀记忆，一个小女孩记得“四爹卖力划船争得头名”，和“那条特别长的河”，却再也传承不到上一辈人身上的水性。

黑龙口移民村，康家收藏的龙头。

——老祖宗传下来的东西，“灵性还在”。

凤凰山村子附近有几个水塘，韩天鹤曾经和邻居试着去游过两次泳，就再也不想下水了。邻居说老家的水是凉性的，而这儿的水上面一尺是热的，水不干净，游过了身上起痱子。“水性都好，用不着了。”

游泳固然成为奢侈，日常饮水也成了移民面临的难题。和相距五公里的黑龙口一样，凤凰山的水是用机井抽取的地下水，大约因为地表农药化肥渗入，颜色浑浊，有一股土气，韩天鹤觉得“脏”。喝惯了清甜汉江水的移民们，对这种水质有难以下咽之感，咨询医生得知，长期饮用会得尿结石，还有其他的副作用。解决办法是自家加装过滤器，移民村里家家户户的厨房里安装了净水器，靠需要定期更换的活性炭来过滤井水中的杂质，和入住时已经配套齐全的灶具和太阳能热水器不一样，这项费用需要移民自己出。

空气也无法和老家相比。村口有一家生产化肥的工厂，经常夜间赶工，村民睡梦中闻到飘过来的刺鼻味道。村口有一方堰塘，是储水备用的地方，化肥厂偷偷向堰塘直排污水，堰塘变得晦暗发臭，村民们向法院控告，法院判决工厂违法，堰塘才逐渐恢复了清亮。

留在十堰工作的韩可以看起来是同龄人当中的异类，用父亲韩天鹤的话说，他喜欢“玩”，童年时候的汉江，自然是他天然的游戏场。他的水性要好过很多同伴。汉水移民大举搬迁之后，他感到蓄水的日子近了，上游也在梯级建造一连串水坝，他想赶在汉江成为一连串的水库之前，体验一下野性流淌的汉江，因此购买了一只橡皮艇，在第二年的五月和八月独自做了两次漂流。途中他遇到不少险情，譬如两次遭遇带毛刺的挖沙船牵引钢丝绳，橡皮舟堪堪从上面掠过；又经过七八尺高落差的拦河坝，只好扛舟上岸绕过。在堵河漂流时遭遇狂风暴雨，橡皮舟被逆风刮得溯流而上，浑身湿透，只好在桥洞下露宿一夜。但在自由流淌的江水中，不论缓急，他始终觉得自在安宁，成了他生命中永远的纪念。

父亲韩天鹤并不像个典型的韩家洲岛民。他有一点文化，又缺少了一份水性，在外面干过工作。但或许由于有点文化，他对于岛上生活的记忆特别清晰。

首先是打鱼。韩家洲的人吃鱼特别方便，每个人都会操网打鱼。韩天鹤的水性在同龄人中并不算好，但也常和儿子韩可以搭手下网，沿着沙洲往下走，一网收上来，格眼上挂着红红白白的小鱼，有汉江特产的红哨鳊、翘嘴鲌、鲤鱼和黄颡，像一副晾晒的花格子床单。把小鱼用水桶担回家，人吃大鱼不吃小鱼，小鱼用磨子推成粉喂猪，“猪吃了鱼，长得白里透红”。

其次是吃水。岛上吃的是电泵抽上来的汉江水，存在水窖里沉淀取用，更早的时候也吃井水，岛上前后有两口大水井，味道都清甜。汉江水也给韩家洲人带来了额外的土地。汉江水位按季节的涨落，每年都会形成大片的消落带，可以赶种季节性粮食，譬如花生和萝卜，这也是还在大集体生产时代，韩家洲就比对岸的乡村要富裕的原因。

江水自然也带来了阻隔，出岛必须坐船。虽然家家有船只，还是有专门的渡船。韩家洲岛上有一二年级小学，到了三年级，孩子们必须去对岸堵河口的小学念书，每日过渡来往。渡船上有个掌舵的大爷，划船要靠小孩们自己。冬天江水消落，本地人称为“渴”，渡船没有靠近岸边就搁浅，要由几个小孩子们下水去拉，踩着冰水上岸，再爬上一大架坡去学校。回想起来自然不乏艰苦，却都成了有意思的记忆。韩可以在堵河口坡顶的小学只上了几天，就被父亲韩天鹤转去了上游一些的辽瓦店，韩天鹤在那里的供销社上班。

对于供销社的工作，韩天鹤并不喜欢。他1972年高中毕业，在岛上做了三年民办教师后招工，进了供销社后悔了，觉得站柜台枯燥无味，像坐监。等到供销社1995年“垮台”，他又回岛上教了两三年书，学校就他一个老师，三个年级，“想干啥干啥”。上级来视察得少，因为坐船过河不方便。生性浪漫的他喜欢写诗作文，远山近水的风物都成了他吟咏的对象，早年恋爱经历也和汉水沙洲的风景一起写进了诗里，这首名叫《忆阿若》的诗被收入了某家民间机构1995年出版的《中国当代诗人代表作》，花掉了韩天鹤50元版面费：

我用眼睛把诗写进
汉江的绿色彩笺里
但不让你到江边取
那儿风大会冻伤你

搬迁到随州之后，生活完全改变，他的诗自然也旨趣大变了。2014年3月，离乡四年之后，他在练书法的大字本上写下了感慨身世的《无题》：

祖籍正是大槐树
而今又漂随州过

一江清水送北国

两汪苦泉自个喝

“家住山西大槐树”这句民间俗语，虽然更多出于攀附，但也非全属无稽。资深汉水学者鲁西奇考证，汉水中下游自古以来移民的方向，多是因战乱而南下，最著名者莫如五胡乱华时期的山西河南汉人南迁，当时的晋宋梁三代都为移民设置了大量的侨县，有似今天以原村庄命名移民村。明清两代的“江西填湖广，湖广填四川”方向与前代相反，是从南向北移民，大批江西人迁入汉水下游地区，而清代乾隆年间又发生了湖广人口向今天的汉水上游安康、商洛、汉中的大迁徙。这些迁徙浪潮中，既有人口的自发移动，也有政府组织的移民运动。而因为南水北调引发的数十万居民大规模搬迁，翻开了汉水移民史上新的一页。

在凤凰山的移民村里，韩天鹤喜欢独自在夕阳下散步，背负双手的影子和移民居住的二层楼房一样拉得很长。韩天鹤说，背负双手的姿势是从老祖宗传下来的，因为当初离开大槐树到南方是被押着走的，双手捆在背后，散步背手的姿势因此保留下来。这次过随州也是不情愿的。“调水是国家大事，由不得自己。”

一个好消息是，2021 年，湖北省启动的鄂北调水工程管线已经铺设到了万福店，即将建设配套入户措施，两三年之内，凤凰山和黑龙口的移民都将喝上久违的汉江水。对于韩天鹤和他的乡亲们来说，这除了水质的改善，也含有不小的心理安慰吧。

水娃子

2021年4月的一个雨天，水娃子生前栖身过的堵河口坡顶小学一片寂静，人去园空，只有雨水落下树木和屋檐的滴答声。

水娃子是康国芬的娘家哥哥，是从黑龙口移民村回流的。这并不是他生平中第一次移民和回流。

水娃子姓康，一家四代打鱼，因为长年在水上讨生活，人都忘了他的姓名，只叫他这个绰号。1968年丹江口水库蓄水时，水娃子一家被纳入移民范围，搬迁到长江南岸的嘉鱼县，离老家有一千多里地，地势低洼，涝灾很厉害。

待了几年，水娃子没法习惯异乡的生活，携家小"跑"了回来。这是大势所趋。辽瓦店上游崩滩河出生的董正刚，随父母移民去嘉鱼县时只有两岁，他回忆当时跑回来的人达到90%以上。董正刚随父母回到十堰，成了没有户口和口粮的黑户，在汉江渔船上讨点生活，改革开放以后才重新在老家落户。父母去世之后，董正刚做了韩家洲的上门女婿，户口上在妻子家，这次又移民搬迁到随州凤凰山。

回流之后，水娃子一家和董正刚家一样成了黑户，除了一条漂泊的小船，在岸上没有了立足之地。

在水面上也要东躲西藏，回避政府的抓捕遣送。儿子康正宝在水上出生，一岁多的时候全家一条船划到了堵河上游，这里有几户姓康的人家，以前遭遇大饥荒的年月，水娃子给生产队捕鱼搞副业经过这里，曾经用打到的鱼周济他们免于饿死，这几户同姓人家报恩，给水娃子一家提供了两间窝棚。在此之前，全家还在废弃的红薯窖里安过身，躲过遣送。

“水娃子”晚年回流后曾栖身的校园，人去楼空。

一家人在堵河栖身，卖鱼换粮食吃，岸上只是在恶劣天气有个过夜处，生火做饭也在船上，屋顶就是船篷。辛苦辗转之中，水娃子妻子过世，他一个人带着几个孩子水上漂，小儿子康正宝自幼在水里泡大，十来岁开始和父亲搭手捕鱼。

直到改革开放，全家才找关系上了户，回到了老家堵河口，在江边起了土房子。以后赶上丹江口水库第一次加高，按国家要求后靠搬迁了几十米，重新起房子。1999 年总算起了两层楼房，以为能够从此安居，谁知道住了十来年，再次赶上南水北调移民搬迁。

水娃子无法接受。

"他坐到堵河口大桥上就哭了，说搬来搬去受罪，再搬就从桥上跳下去。"在学校破旧的楼房里，遍地杂物之中，康正宝坐在马扎上回忆说。水娃子哭了好几场，不得已跟着大家搬下黑龙口，一下去又哭，待不住，完全无事可干，在移民村修了几天路，手上完全没有感觉，看着旱地心里发慌，"做梦都是在老家的日子"。只要回来，怎么活着都成。耐着性子待了半年，打听到孙子回来还能上学，父子就一起搬回来了。

江边的老屋早已拆成废墟，康正宝寄居在亲戚家中。水娃子的大儿子回流后在十堰城里租房居住，水娃子两头轮流住，但他显然更喜欢待在小儿子的住处。每次从住处去上游的辽瓦店理发，路过江边老屋的旧址，"他都哭得跟啥样的"。库区蓄水没有到达规划的水位线，始终没有淹没老房子的地基，但地基上已经片瓦无存。

搬迁之前，已经年过 80 的水娃子自己还有一条小渔船，一副粘网，自己弄些鱼换酒钱。回来之后他无船可弄，坐在亲戚的院坝里，每日望着江面发呆。以后康正宝找到了坡顶学校作为栖身之处，学校因为大部分生源跟随移民搬迁流失，已经废弃。水娃子的一半时光跟随小儿子在这里度过。2015 年腊月二十八，小儿子的轮次还没到，长子看到父亲身体不行了，发高烧，赶紧送到康正宝家里来，半路上就去世了。

去世的水娃子和父母葬在了一起，地处坡上一处小松林，遥望汉江。他终究如愿在家乡入土，有了一处可以安心休憩之地。

送走了父亲，康正宝仍旧在废弃的学校里度日，每年缴纳 300 块钱。2016 年夏末我来到这里时，学校的院落长了一地芝麻。一家人栖身的二楼教室里，只有一张床和各类杂物，唯一的电器是一台没有防护壳的电风扇，黑板上还留着“团结向上，活泼守纪”的标语。康正宝一边聊天一边补着渔网，这是他和妻子回流之后的生计。教室里还有一张水娃子的遗像，是去世前一年照的，穿着黑色夹克的水娃子须发透明，背景是北京天安门，这是他一辈子也没去过，却由于南水北调有了某种关联的地方。

2021 年 4 月，我再次来到这座学校，康正宝和妻子也出门打工了。学校的铁栅门虚掩着，院里的芝麻已变为倾倒的豌豆，颓圮的围墙核桃树之间搭了一副破旧的渔网，在长江和汉江流域十年禁渔之后，它已经失去用场，这也是康正宝夫妇被迫去南方打工的原因，此前他一直觉得打工不如捕鱼自由。教学楼年久失修，四处是雨水侵蚀的黑色霉斑，急雨从裂缝和拳头大的洞眼中倾注而下，门口残留半边“喜”字，是头一年康正宝长子娶亲的遗迹。上锁的教室中一无长物，只有散发微光的盆罐，和一堆返潮泛红的麸皮，或许是用作鱼饵，以及蒙尘的泡菜罐子。教学楼后窗失去了玻璃，正在成熟的樱桃林在雨中闪闪发亮。

站在校园里，我给康正宝打了个电话，得知他和妻子都在广州建筑工地上打工盖房子，今年三月初一才下去，很不习惯梅雨季节，但也没有办法，因为打鱼的行当干不了了，船卖了废铁。由于是做小工，打工的收入并不高，夫妻俩一天干上十个小时，只能分别挣到一百四五十和一百二三十块钱，梅雨季节一连好多天干不了。租了个四五百一月的单间，没有空调，等到了夏天再看有多炎热。家中三个孩子，老大出外打工，老二在武汉上职校，老三在郧县上高中，周末去亲戚家寄居。

至于黑龙口的房子，已经卖掉给孩子筹学费，和随州的联系，只剩下户口本和身份证上的地址。

新家（上）

黑龙口是距离万福店镇两公里的一个村落，去村子里要穿过一道铁路线，铁路线对面是相形空寂的田野。

2016年夏天我去黑龙口时，村里比凤凰山村显得空旷，村口有个小广场，妇女和老人们晾晒着包谷，加上她们手头怀里的孩子，就是村里的常住人口。大部分的人家关门闭户，门槛地缝长出了青苔。一排十几家房子，有人居住的只有两三家，大都回了老家十堰。回流的移民韩正雨说，当初搬迁来的有四五十户，现在只剩下十几户人家。

村子的地基很不平整，广场上处处可见裂缝。更多的裂缝存在于各家的墙壁和地面上，尤其是在围墙和厨房上更明显，原因据说是村落所在地从前是一片池塘，移民安置赶工期，仓促填平之后起房子，发生了沉降。有的房子门窗不周正，像是地震过后歪斜了。

院坝里给孩子喂奶的一个年轻媳妇说："房子高高低低，这儿一个洞，那儿一条缝，门窗不一般齐，外墙上横七竖八的裂缝，屋顶漏水，天上大雨屋里也是大雨，像拿水管子冲。"一户村民的二楼地板上有一处凹坑，形似漏斗。他盛上一瓢水，让我去一楼等着，自己在二楼倒水，顷刻水流如注，像是一条小瀑布。

康国芬家的二楼卧室楼顶有一条裂缝，拿冰箱盒子承接着雨水，屋角有漏水浸蚀的渍纹。大儿子的房屋墙体斑驳，剥落得厉害，康国芬说让镇上的人来看过，没有解决。二楼卫生间的水管爆裂，为了换管子，墙壁上挖开一个很大的豁口，还没有封上。小儿子的楼房屋梁上有一条很长的裂缝，用涂料糊住了。霉斑生长在各处移民房的天花板上，是屋顶漏雨的后果。

移民村的征地不顺利，从破土动工到建成只有几个月，有赶工期之嫌，房子下水和屋顶普遍质量不过关。由于各处移民村漏雨情形太过普遍，2016 年政府出资，让凤凰山村移民们维修了屋顶，但情形同样严重的黑龙口村当时并未得到此项救助。

搬迁十几年以来，黑龙口房屋的行情步步下跌，原因是周边的人都知道移民村的房屋质量差。日晒雨淋之下，村落更显斑驳，似乎已经有了几辈人的历史，就像一棵仓促移植的树木，并没在这片异乡土地上扎下根。

2022 年春天我再次来到黑龙口，道路两旁的房子已经从万福店延伸过来，荒凉感减退了很多。经过一次政府出资的统一维修，村子房屋的外观显得齐整，外部裂缝和漏雨问题不再那样显眼。但地基沉降和墙体歪斜问题难以彻底解决，一些村民家里的地板砖像八字一样翘起，更主要的则是，村子的人气始终没有起来，放眼依旧是空旷的街道和大门紧锁的房屋。

相形之下，凤凰山移民村的状况要好一些。地基是挨着从前的国营农场扩建的，比较平整坚实。楼房的排列也相对整齐，距离公路的距离更近。但房屋质量也不免瑕疵。韩天鹤房屋的二楼，厨房墙壁上可见不少平行的裂纹。韩天鹤说，以前说的是楼房一层都用实心红砖砌筑，后来他钻墙洞打钉子晾衣服，总是打不稳，才发现是廉价的水泥空心砖，在恒温和坚固性上都差很多。即使是水泥砖，移民们也觉得使用的水泥严重不足，轻易就可打穿。

李秀珍和丈夫霍福彬从前居住在河南淅川县滔河镇，2011年7月20日，他们和2200名乡亲一起上车，搬到了几百里外的许昌县蒋李集镇南水北调移民点，村名仍然叫作老家的金营村。

新金营村一马平川，不同于老家的远山近坳，房屋看上去也整齐鲜亮，刚刚落成不久。但住下来之后，弊端就一点点显现出来。

水泥瓦盖的屋顶，其中没有包含钢筋，在日晒雨淋下风化开裂，成了最显眼的质量问题。“80%都漏雨”，李秀珍说。其中几家屋顶还发生了塌陷。移民们层层向上反映，“省市都去了”，没有人前来维修，替代方案是县镇政府每户补贴2000元，作为村民自行翻修屋顶的费用，一部分村民领取了，另有一部分不接受。

和黑龙口一样，移民房屋的下水道排水不畅，许多房屋的外墙脚根腐蚀成了乌黑。垃圾池的墙壁倒塌了。“我们找了几百次”，一位村民说，得到的反馈总是踢皮球。

虽然搬迁的日期尚在韩家洲移民之后近一年，金营村的硬件却比不上凤凰山。房间没有铺地砖，厨房也是间空房子，不像凤凰山和黑龙口配齐了灶台和灶具。卫生间也是水泥墙壁，没有统一装太阳能，许多人只好自己再装修一道。这一切的短板，据说和某些人的中饱私囊不无关系。

2011 年许昌市建设工程质检站对金营村房屋质量评估，显示房屋构造柱数量比别的移民村少，原因是金营村签订合同晚，房屋造价上涨。但村民更愿意相信，减工省料的真正原因，是一年后爆发的腐败窝案。司法文件显示这起窝案中，金营村原支书兼村主任金腾蛟与副主任、村会计、村妇女主任丈夫共谋向承包砖块供应的老板索要回扣近 8 万元私分，被法院以受贿罪判刑三年。对于移民村的种种问题，金营村民们持续向有关部门反映，几户村民家中保存着厚厚的文件和政策材料。

金存壮住在武汉市汉南区银莲湖的汉江村，这里也是一个规模较大的南水北调移民村。初来时，金存壮最大的感受是偏僻荒凉，到汉南区中心纱帽街道的公交要两小时一班。就医不便，最近的湘口镇卫生院的条件到现在还是不行，纱帽医院也看不了大病，怕耽误病情只能远送武汉。有次一个移民生急病，湘口卫生院不敢接诊，转院到纱帽已经晚了，医院条件也有限，没有抢救过来，后来医院赔偿了移民一万多块钱。

饮水是另一个大问题。当时银莲湖已经有了水厂，但管理不严，水质浑浊，漂白粉味道浓重，经过移民的一再反映，以后改善了很多。

村址从前是银莲湖水域，地势低洼，排水不畅导致内涝。下大雨的天气，水从沟渠里漫溢，堵住了门，孩子们可以在院子里用瓦盆舀到小鱼。搬下来的第二年，还有人得了血吸虫病。

江汉村的房屋质量也有和黑龙口、金营村类似的缺陷，用另一位移民王爱国的话说，“漏雨属于正常”，而且属于痼疾，需要村里每年统一维修。时至 2021 年，他家的厨房和卫生间仍然有渗漏；一户村民的卧室天花板上，雨水渗漏导致了大片的霉斑，墙皮剥落。全村的户籍人口 1700 余人，常住的只有三分之一，其他的或者回流，或者投亲靠友，另外的则在外打工。

移民村的现实居住条件和移民的心理期待之间，很容易出现大的心理落差。在老家，因为早就有南水北调移民搬迁的规划，从 20 世纪 90 年代开始，173 米控制水位线下都不准翻新建造房子，只能在破旧的老屋子里将就。但是生长于斯，场院宽敞，果木环绕，住久了也自在。移民搬迁早期，出于鼓励搬迁的需求，相关部门人员难免会把移民新村的各方面条件和政策福利说得比较诱人。到了移民村之后，即使住上了新建的楼房，摆脱了老家的土坯平房，心理还是会觉得不平衡。

丹江口库区移民搬迁的房屋安置政策是每人 24 平方米居住面积兜底，原居住面积不够此数的国家免费补足；移民选择居住超过人均面积住宅的，超出部分需要自行购买。迁出地住房面积超出人均 24 平方米的部分按楼房、砖木、土木不同标准折算成现金，与在移民村房屋自行购买的部分抵扣。

由于移民在迁出地的房屋往往有不少辅助房，房屋建材大都是土木或者砖木结构，补偿价格较低，导致大部分移民迁入新居时在抵扣之余仍需要补交房款差额。房款差额在移民补助中扣除，加上扣除搬家费等，听起来不少的一笔钱到手时大为缩水。

这使得移民们一方面感觉居住条件改善，另一方面也觉得吃亏。一旦发现房屋质量不如人意，不满情绪就会成倍放大，即使从绝对条件上来说，新居仍旧比老屋改善很多。韩天鹤在移民村的新居面积达到了170平方米，上下两层，白墙瓷砖地，老家的砖墙水泥地房子远没有这么宽敞明净，但他并未感觉自在，“像是住在别人的家里”。

回流者：韩正雨

“爱家乡，像爱一个人一样。”

十堰城郊红星美凯龙建材城三楼的“书香门第”门面，墙上贴满了各式各样地砖样品，韩正雨坐在台前等待客户上门挑选。另外的时间，他在各个新建的小区奔波，管理售后，监督新房的地砖装修，在西装革履和工装之间来回切换。

离开韩家洲之后，这是他干得比较满意的一份工作。初中毕业后，他像别的年轻人一样出门打工，在浙江一家皮鞋厂里干活，直到2008年，父亲在移民搬迁前两年去世。身为长子需要照顾母亲，他将自己的打工半径收缩到了十堰，专门去参加了三个月的电焊培训班，拿到了电焊证。

早年韩正雨家中有渔船，还有一条采沙船，家里也早早修了楼房，“不落在别人后头”。以后父亲当上村干部，经常出外开会，采沙船转让给了三叔。虽然长年在外打工，韩正雨仍是一个不折不扣的汉水之子。小时候在河边长大，整天泡澡网鱼，韩正雨的水性很好，能潜十来米，摸水底的石头。最拿手的游戏，是从河边停泊的船只一边下水，贴着船肚子潜过去，从船舷另一边浮起来。

每当逢年过节回家，火车在十堰站停靠，“那种心情。有一次火车进站时，我在车上蹦起来了，旁人看着不解”。回到岛上，韩正雨喜欢挨家挨户串门聊天，吃饭时分，手里端着碗一边串门一边吃，不落自家的桌。

移民搬迁之初，韩正雨接受国家需要的现实，和母亲一起下了黑龙口，“下决心在那里长期待下去”，自己就在随州周边打工。提起黑龙口，韩正雨口气里没有像很多移民的埋怨，“那里跟老家比，种地要轻松些，交通也还行”。房子质量确实不行，但最大的困难，是在随州打工就业。

“很多地方不要，一听口音，说你是外地的。”或者说是招满了。有一个厂需要电焊工种，韩正雨去应聘，说明自己以前在十堰烧过电焊，对方让韩正雨留下电话，但等了一个月也没有下文。韩正雨失去信心，和妻子一起回了十堰。第二天人家又打电话录取他，考虑到孩子和母亲留在随州，韩正雨还是调头回了随州进厂，但进去后受到旁人排挤，被称作“台子”，问他怎么进来的，韩正雨只好说自己是移民局安排进来，以强调自己有背景。

怀着扎根黑龙口的愿望，韩正雨一边上班，一边在农忙时请假回家种地。花了一万块钱买了手扶拖拉机耙地收割，种玉米小麦，不算人工，一亩地能赚五六百块钱，总共种了二三十亩地，其中有回流的二叔和三叔家的地。种地的困难在于用水灌溉不便，靠天吃饭，天气又经常干旱。天旱时土地板结，下雨时又因为是黏性土质排水不畅，产生内涝，远远不如老家的沙土地透水。坚持了四年，韩正雨还是决定放弃，返回十堰老家。

放弃的原因一是种地没收入，二是厂子后来效益不好，由于长期蹲蹴烧电焊，还造成腰椎间盘突出，视力也变得模糊。韩正雨兄弟姊妹四人，有三个返回了十堰，只有自己一个在下边。大姐在十堰的厂里上班，二姐和二姐夫开了建材专卖店，一个兄弟也在十堰做厨师。他们都是刚下去就返回了老家，过得都不错。“最初想着既然是搬下去，那就要扎下根，响应国家政策，‘搬得出，稳得住，能发展，可致富’。”这几条实现不了，韩正雨扎根的决心终究被消磨掉了，步同胞姊妹们的后尘返回了老家。

2014 年回到十堰之后，韩正雨前几年仍旧在一家汽车修理厂里搞电焊。租住在一个简易的顶楼彩钢棚子里，每月 200 元租金，没有空调，夏天非常热，老婆受不了，但没有办法，在棚子里一直住了三年。

孩子要上小学了，户口成了大问题，当初韩正雨的妻子在搬迁时怀有六个月身孕，下去之后在黑龙口生的，虽然找了村书记，仍然要罚款 10 万元才能上户。看看孩子要上学了，只好补交了 2.5 万元罚款，孩子才上了随州的户口。在十堰，韩正雨一家只能像外地人那样办理居住证，让孩子能够划片入学。

搬离棚屋之后，韩正雨另租了一套40平方米的居室，有一间卧室和一个客厅，老母亲带着大孩子住客厅，韩正雨、老婆和小儿子住卧室。老婆带孩子没有上班，娘家也很困难，跟韩正雨结婚时连户口都没有，因为家里子女多，只有大姐上了户口，后面两个妹妹和幼弟都是超生黑户，家底也被计生罚款彻底掏空，拉猪扒房搜粮都是寻常待遇。二老已经70多岁，住房是国家精准扶贫起的。韩正雨在汽修厂，一个月4000多块工资，除了房租和日常开销，还有两个孩子的上学费用，岳父岳母的赡养，和人情往来，"养不活一家人"。二姐看在眼里，让韩正雨到她开的地砖代理门面店上班，收入增加到6000多元，对身体的伤害也没有电焊那样大，"感觉不错"。自从搬迁之后，一家人这才初步度过了困难的日子。

韩正雨的工作不仅是坐在店里，更重要的是售后，需要带领工人给客户安装，价格已经包含在地砖售价里。韩正雨跟着师傅在工地上学了半年，渐渐开始独当一面。老婆也开始在超市上班，每月有2000元收入。工作稳定之后，韩正雨自己出一部分，二姐支援一部分，在十堰买下了一套80来平方米的二手房，花了40万左右，欠着二姐的债，只能慢慢归还。

黑龙口的房子还锁在那里，卖价从搬迁之初的22万跌到现在的12万也无人接手，两年多没有下去看过。当初因为想要长期扎根，韩正雨精心装修了房子，给水泥砖地面贴了瓷砖，买了热水器、煤气灶等电器家具，做了窗帘，还重做了厨房灶台和橱柜，算下来花了3万块钱。眼下感觉像是一场梦。

人在十堰，老家的根还是没了。"到现在做梦，没梦到过下边（黑龙口），都是老家（韩家洲）。"最经常的梦境，是带父亲坐轮渡去辽瓦店治病。作为事事带头的干部，父亲没有撑到领头搬迁的那天。

新家（下）

金水镇地处汉中洋县黄金峡上游，距陕西省正在兴建的引汉济渭工地不远。5000多的移民对于一个内陆省份来说不是个小数目，金水镇成了最大的集中搬迁安置地。老街面临淹没，在半坡上建造了大规模的移民新区。

2019年6月，金水镇老街大半已成废墟，街口一家餐馆墙面上刷了“拆”的大字，老板李景珠仍旧迟迟不愿动迁。他的餐馆搬迁到新城后，同等的面积自己需要补差价十余万元，原因是他现在的房屋补偿价格是按照2008年调水规划出台时的市场价来算的，分别是砖混750元和框架结构900元，要比2019年市价低400～550元，并且是需要自行装修的毛坯房。搬迁之后，居民区一楼都是门面，他还将失去现在独家生意的地段优势。

对面半坡上的移民新区规模宏大，仍旧弥漫升腾着施工的烟雾，工期由于整个工程资金不足一再推迟，很多老家已被拆迁的居民们已在过渡的活动板房里栖身一两年时间，忍受着漏雨跑水、空间逼仄和冬冷夏热各种不便。第一户带头搬进过渡房的张存成一家，由于板房后沟的排水沟疏浚不畅，下雨时屋子屡次进水，政府人员只能姑且拿塑料布围挡。厕所是张家自家建的，屋顶低矮，也没有添置什么家具，正在修建中的三层联排小楼成了他们全部的念想。

对于房屋的补偿差价、头期和二期房屋的户型面积差别、自家房子将来的地段，人们都有众多的忧虑。由于新区建设周期长，旧房的拆迁补偿是以现金形式发放，而非直接从新房房价中抵扣，移民一方面落袋为安，另一方面却又对一下子要为新房掏出 36 万的一大笔款项感到心疼。

此外按照搬迁政策，移民得到的土地补偿款 60%发给个人，另外 40%作为股金入股集体，作为农民失去土地的保障，这项政策被一些移民视为“截流”。2018 年村民每人得到了 1000 多元的分红，仍旧不能使他们全然放心，毕竟按照近年修订提高后的水库移民补偿标准，水田每亩补偿 3.3 万元，总额的 40%对于众多移民家庭来说是一笔巨款。

湖北、河南南水北调的移民们没有完全失去土地，但在他们的感觉中，新的土地也往往不如老家。随州凤凰山一带虽然地处南方，却是所谓的“旱包子”地，地势比周围略高，又存不住水。和渠网密织的汉江中下游平原不同，这里没有灌溉沟渠。“来之前说是旱涝保收，能灌能排，都没有实现。”这在湖北中部是个普遍的问题，南水北调工程之后的鄂北分水工程即由此而建。不能种稻，只能栽玉米小麦。土壤的透水性能差，天晴易板结，下雨一团泥。人均一亩五分地，一部分被征用建了太阳能发电厂，一部分半种半荒。

和凤凰山类似，黑龙口的移民土地也不如人意，前者是旱，后者是涝，原因同样是水利基础设施不足。黑龙口村土地的排水沟位置太高，种旱地一下雨排不出去积水，栽稻谷又缺水，因是丘陵地带，灌渠并未抵达这一带。“说是能灌能排，实际灌不能灌，排不能排。”

移民村的土地由政府以每亩3000余元的价格向当地村民购买而来，再从移民的补偿款中以每亩2200元的价格扣除。当地村民倾向于好地自己种，肯出让的都是灌溉条件不好的“旱包子”地，或者内涝严重的洼地。另外一部分土地则来自从前的国营农场，包括“文革”中的干校农场，凤凰山即属此列，都是开荒而来。这从客观上造成了移民们的“后发劣势”。

搬下来前几年，韩天鹤按照老家的习惯，在自家分到的地里种花生，发现情形大不如老家。土地的性质不同，老家是沙土质，这里是黏性土质。沙土地透气，适合种花生，收的时候也不累。黏性土花生长得不好，容易霉烂，收获的时候更是费事，板锄下去带出一大坨泥巴，抖也抖不落，花生却没有多少。2016年我来到凤凰山的时候，韩天鹤正在地里种花生。几年之后，他终于放弃了这个老家的习惯。

水库移民搬迁按照政策可以有异地搬迁、投亲靠友和就地后靠三种选择，有条件的地方一部分库区移民选择后靠。后靠的移民同样面临房屋土地方面的诸种困难。洋县黄金峡中段的黄家营镇真符村真符组一共30户人，18户选择迁走，安置地点是洋县县城附近的移民新村，另外12户选择就地后靠，向地势高的山顶搬迁。70岁的渔夫老杨身患小儿麻痹，一生喜欢待在水上，未曾成家，只有一个养子，孙子已经成人，全家三代都不想搬迁，愿意后靠，用在上海打工的孙子的话说，“这里空气好”。他的棚屋在村落下方，离江面最近。

2019年6月底村中已一片搬迁气息，后靠移民的新村却尚未选定地址，原因是政府规划的选址比较高，靠近山顶的真符寺，传统认为庙宇附近聚集煞气，不能住人；村民们中意的地址政府又不批准，原因是在半坡开辟场院，后坡下切的高度太大，有滑坡风险。

拉锯之下，政府最后否决了后靠的规划，村民一律搬迁。2021 年 8 月底，村中所有的土坯和砖木房子已经扒平，只保留楼房，等待 10 月的最后期限一并拆除。离洋县县城十里路的移民新村里，安置房正在加紧施工。但仍然有很多老人留在村中，宁愿栖身在简易的棚屋里，渔民老杨是其中一位，他的理由是移民新村的楼房没有柴火，而他冬天需要烤火。新村的土地少，靠近城边花费大。但更深层的理由还是老家“待惯了”，自己年纪大了，宁肯在这里将就。

黄金峡大坝工地上游不远的锅滩村，到 2019 年 6 月绝大部分的村民已经撤走，出村小路被水库工程倾倒的巨量渣土方阻断，需要手持弯刀破开蒿草，村中没有地方买菜购物，只剩下了几排空房，60 岁的摆渡人姜启顺仍然不愿迁走。他的儿子在洋县县城跑车，女儿出嫁后在县城陪孩子读书，自己却不愿去政府规划的移民点，嫌没土地，学校离得也远，宁愿选择就地后靠。安置地离现址有两公里，他自己找的地址政府不同意，但也没有另行指定宅基和土地，只能拖着。住在自家土屋里的他没有过渡费用，2016 年征地的补偿费用也还没有到手。人迹杳无的村子到处滋生青苔，独自留守的他，看起来就像是往昔的守灵人。

实际上，相比起 50 多年前第一次丹江口库区移民迁居的大柴湖，眼下移民新村的条件已经不可同日而语。地处湖北省钟祥市的柴湖镇，在丹江口水库第一次蓄水时集中安置了近五万名河南淅川县库区移民，顾名思义，当时的柴湖基本上是一块芦苇遮天蔽日的湿地，并没有大规模农垦的历史。

当年尚在襁褓中的万巧莲随父母到达之后，住的房屋是就地取材、用苇子糊泥盖起来的茅草屋，只有四根柱子是砖垒的，每间房屋八平方米，每个移民只分半间。时间长了风雨穿透，下雨就泡在水里。洪涝来时全村汪洋，只能到大堤上避难。一直到万巧莲的儿子李意博一代，还经历过这样的一次洪涝。土地只有一寸寸向湿地索取，和芦苇争斗。

万巧莲的回忆之中，最辛苦的就是砍伐芦苇，芦苇又深又密，苇根盘曲错节，很难刈除干净，只要有一点没有掘地除根，来年很快又会发出一大片，前功尽弃。贫穷的她没有水鞋，尖利的苇茬常会扎破脚，鲜血直流。

到处都是水，却没有干净的，打出来的井水泛黄，煮开泛白沫，还有刺喉咙的腥味。

移民形容自己的生活是“苇子墙，泥巴塘，年年吃个供销粮”。不少人偷跑回流淅川，做小生意和捕鱼度日。经过了十年的伐苇排涝，移民村才熬过了最艰苦的时期，逐渐安顿下来，迎来日后的发展。近年来，随着柴湖经济开发区的设立，各项投资项目的实行，它逐渐由过去的“下只角”变成了令周边羡慕的好地方，其间包含的是半个世纪、两辈人的代价。

“金窝银窝不如自己的穷窝”，这使得移民们在看待异乡的安置之处时，总有一种不如意的心情。不过也有一位汉江村的移民觉得“在哪里无所谓，一样过日子”。我见到他的时候，他正在等公交车去武汉，在那里的建筑工地上打工，一个月能挣五六千块。相比起老家，他感到这边的挣钱机会更多。

确实，相比起地处内陆的凤凰山、黑龙口或是金营村，银莲湖毕竟算是武汉的远郊区，虽然眼下从最远的地铁站点坐公交要倒三趟，坐上三个多小时，不断延伸的轻轨却在改变这一态势，2021 年底通车的 16 号线将到达离银莲湖 50 分钟车程的周家河站，移民村离主城区正变得越来越近。

在和城区的距离上，湖北枣阳市城南办事处惠湾移民点显得像是一个幸运儿。2009 年 9 月，丹江口市均县镇关门岩村的 43 户 189 位村民搬迁到此，距离市中心大约五公里，当时是属于偏僻的三不管地带，只有一条小路通向村落，四周是一片旷野。13 年过去，这里的情形可谓天翻地覆。

过去的小径变为通衢大道，从市中心出发的人民路一直延伸到此，双向六车道的马路两旁厂房连绵，惠湾移民点周围的农村全部拆迁开发成为市区，移民点的全部土地也都被征用。移民点凸起在一处小坡上，几排斜坡房屋的背面紧贴在建中几十层的高楼大厦，周围环绕回迁小区，成为市区中的孤岛。

靠近城区给移民点带来了便利。一位 30 多岁的村民近年生了二胎，他在附近的工厂里上班，虽然收入比大城市低一档，但能够就近照顾家庭。而在均县老家，像他这样的年轻人只有出远门打工一途。62 岁的村民吕龙华，儿子在附近的汽车部件厂里上班，收入在 3000~5000 元之间，儿媳在另一家电子厂上班，他自己的任务则是每天坐公交车往返，接送孩子在市里的学校上学。

“幸运儿”枣阳惠湾移民点，移民的低矮破敝瓦屋后矗立着在建的大厦。

对于过了打工年龄的中老年人来说，情形又有所区别。在老家，年轻人出门打工，老年人和妇女则经营柑橘园，吕龙华种植的五六亩柑橘一年可以带来两三万元的纯收入。另一户村民则说自己一年能采摘 8000 斤橘子，毛收入超过 6 万元。此外老家靠近汉水，他还像很多人一样有渔船，一年能搞到几万块钱。下来之后，这些都没有了，只好无所事事。

搬迁到惠湾之初，关门岩的村民们和别处移民一样得到了人均 1.5 亩耕地，被县城建设征用之后，移民们在每亩 3 万元左右的地价之外得到了失地农民养老补贴，加上缴纳的社保，60 岁以上的人每年可以领到 7000 多元钱。相比种柑橘或者打鱼的收入，这还是显得缩水了很多，老年人也因此失去了家庭中的话语权，无所事事的日子也让习于劳作的他们不习惯。

“城市孤岛”的处境也让移民们感到被遗忘的尴尬。村中的路灯从五年前开始都坏掉了，入夜漆黑一片；水泥村路大片失修剥落，腾起尘灰。村落仍像乡村一样四面开放，而附近的回迁小区都有了门卫，安装了摄像头，这使移民点面临治安隐患，前一段时间就有两家失窃，其中一家被盗去价值几千元的新买电动车。在周围高楼大厦和居民小区的映衬下，移民村落显得低矮陈旧，面貌斑驳。出于对汉水移民的某种慎重心理，枣阳市的城市规划对于移民村一直维持现状，没有整体拆迁的消息，但也不允许村民自行扩建房屋。搬迁 13 年以来，村中出生了几十名孩子，加上娶媳妇，即使有十几位老人去世，人口总量仍然增加到了 240 多人。快速城市化推高了枣阳的房价，大部分移民人家只能挤在安置房里，面临三世同堂或者四世同堂的处境，150 来平方米的房子已经拥挤不堪。

为了拓宽面积，几乎每户人家搭配的后院都被移民拆掉围墙，搭建成了起居和储藏的裙房，政府制止无效之下也只好听之任之。当地农民拆迁得到的安置让他们羡慕：房屋拆迁价格每平方米达到4000多元，有些家庭获得不止一套安置房，这和当初他们搬离老家时每平方米300~400多元的价值相比，可谓云泥之别。

71岁的村民老陈代表几位村民表达了对政府的期望：或者早日对移民点制定规划，像对周围农民一样拆迁安置，变身城市市民；或者允许移民自行扩建房屋，缓解住房拥挤的状况。"城中孤岛"的局面，不能长久维持下去。

"钉子户"

王顺这一生恐怕从没想到，有天他会从水上人变身为一名厨师。

他的上班地点在十堰市上海城小区的物业房里，为十来位保安和物业人员打理一日三餐。日常工作是煮饭、洗菜、摘菜、炒大锅菜。因为物业的人增加，活计繁重，最近刚刚增加了一个帮手，坐在一楼的厨房地上摘菜。"这边的人觉得我菜做得还可以"，尽管他从前并无厨师履历，不过是自炊自食。

租屋在十几公里外的白浪镇，和儿子同住。每天早上六点，他骑着电动车出发，下午五点半赶在暮色降临之前骑车回家，来回三四十分钟上下班。电动车存放在物业房相邻的车库，车库里还有一个楼梯间，里面开了一张铺。遇到雨雪天，他就不回家，在楼梯间的铺位上过夜。

楼梯间的屋顶是倾斜的，靠床那一方要高一些，另一头搭着台子，搁着开伙用的米面，床头地上墩着几大桶油。床铺相邻的墙上挂着一个健身用的呼啦圈，是前任厨师留下来的，王顺没有用过，也没去取下来。楼梯房里没有暖气，王顺自从头年十月过来，在这里过了一个冬天，“天冷被子就盖厚些”。一墙之隔的车库壁上是密密麻麻的小区各单元电表，地上几罐厨房用的煤气，门外传来车辆倒车入位的轰隆，闻得到隐约的汽油味。

比起四年前我第一次在郧县柳陂镇见到他，这里的条件已经算得改善。那时的他已经失去了自家的楼房，栖身在拨叉厂一幢废弃的职工宿舍楼里。在厂子倒闭转制过程中废弃的宿舍楼像是经过了一场地震，而后被长年尘埋，四处是垃圾、灰尘，褪尽了任何颜色，路灯都已瞎掉，水房和垃圾口腐蚀出陈年霉斑，楼道散发出一股温吞的臭味，让人呼吸憋闷。从前的宿舍退化为洞窟，难以想象王顺和另外两个伙伴就在这栋楼的某几处洞穴里栖身。

王顺住在一层。锅灶什物都摊在地上，除了一张单人床、发黑的蚊帐，没有成形之物，似乎事故现场。曾经的生活痕迹被库水完全淹没，好像从未存在过。他的堂兄王爱国住在楼上，同样是黑洞洞的房间和零乱的内情。楼里还有其他两位失去了住处的移民，都属于柳陂镇大桥村。

和绝大多数的移民不同，王顺始终没有在搬迁协议上签字。对于远在武汉汉南区银莲湖的安置房，他只是下去看过一眼，就断了迁居的念头，“内涝重得很”。他和另外五户居民，是郧县南水北调移民中的“钉子户”。

这六户村民拒绝搬迁的最大理由，是他们的住房海拔超过200米，远在库区蓄水水位控制线之上，不应属于移民范围。搬迁组给出的理由是村里的耕地地处江边，大部分将被淹没，人随地走。

王顺回忆说，搬迁的风声是2009年夏末传出的，工作队开始丈量房子，王顺要求他们拿出搬迁的文件，但对方并未出示。“到目前为止，关于我们村子纳入搬迁，没有任何一级政府文件。”2017年秋天王顺回忆。

村落在拨叉厂后边的坡上，高出附近的普遍海拔，站在坡上可以俯望濒临汉水的耕地。距离移民搬迁已经七年，由于丹江口水库蓄水一直没有到达170米水位，理论上已经被淹没的大桥村土地仍然显现在眼底，只是已经没有庄稼，变成了大片的采沙场。

几位村民说，他们被要求搬迁的实际原因，是本地政府想要联合开发商发展旅游，把这里搞成一个“和平岛”，但最终因水质保护等原因并未实施。在一处当地政府曾经的宣传栏上，我看到了一张“和平岛”的规划图，大桥村处于它的核心位置。

已经大部分拆除的村落只余废墟，王顺和王爱国难以接受的一件事情是，他们六家人的房子是在没有达成协议的情形下被钩机强行扒平的，两人都不在场，连家具电器都没有机会拾掇出来。

两人不在场的原因是躲避签字。其中王爱国去了江苏，王顺则在十堰。王爱国被县政府派人找回来商谈，王顺则是几个月之后才回来，回来时面对的已是一片废墟。搬迁组的说法是家当代为存放在某处库房，后来又听说随移民搬迁拉去了武汉那边。

2021 年我在武汉银莲湖见到王爱国，他说电器和生活用品拉下来之后搁在一个仓库里，年长日久都沤烂了，最后赔偿了他 3000 元。

房子被扒之后，六家“钉子户”中有两家最终签了字，接受了移民搬迁，但他们仍旧留在十堰周边打工捕鱼，并未前往银莲湖。王顺一直没有接受协议，为此他付出了很多现实中的代价。

首先是身份麻烦。在办身份时王顺发现，虽然并没有签字同意搬迁，王顺一家的户口却被郧县柳陂镇这边吊销了，说是已经迁移到了武汉汉南区。王顺联系汉南区公安局，那边却说并没有转入王顺一家的户口，并出具了王顺一家在当地无户籍的证明。王顺拿着证明起诉了郧县公安局，在法院审理期间，郧县公安局以“因建制迁移干部家属随迁落户”名义给王顺一家办理了户口迁移，落到汉南区银莲湖，没有提到移民字眼。王顺起诉有关部门的案件不止这一宗，直到 2012 年我在小区物业食堂见到他，身为厨师的他身边仍旧保存着厚厚的诉讼材料。

由于一直没去银莲湖那边，王顺没有地方缴纳新农合，不能享受社保。有五六年的时间，王顺没有身份证，没法去外地，只能一直待在拨叉厂里。儿子也打不了工，结不成婚，一直到 2016 年落户之后才上了社保。

其次是职业。王顺从少年时代就是渔民，有捕捞证。捕捞证五年更换一次，王顺办理时渔政站不给换发新证，说不服从搬迁就不更换捕捞证。王顺从此成了捕鱼“黑户”，直到他找到厨师这个完全陌生的行当。

在这群人里，王爱国坚持了将近十年，但他最终选择接受，搬到了银莲湖江汉村。和他一批下去的一共有三家，都是当初拒绝签协议的移民。

“2019 年 11 月 27 日。”坐在自家的移民房里，王爱国清晰地忆起搬下来的日期。这一年，他到了 60 岁，在拨叉厂的职工宿舍楼里栖身了足足九年。

移民搬迁之前，他的光景原本不错，除了耕种自家十几亩土地，还拥有一台三轮车和脱粒机，每年收获季节出门揽活，干上两三个月，有似升级版“麦客”。这些机械都在搬迁时被拉走，之后赔偿了 1.2 万元。栖身在拨叉厂的岁月，他只能靠四处打短工赚点钱，包括机械维修和垃圾清运这样的零活。拒绝搬迁还使他付出了额外的代价：四处漂泊，在江苏和十堰、郧县先后租过四处房子。

王爱国最终顺服的原因，是他和妻子已经年届 60，只有搬迁去汉南区才能享受新农合社保。在此之前由于没有户口，他和妻子的新农合已经断缴多年，搬迁之后一次性分别补齐 2100 元和 2400 元，从此可以在退休后享受每月 300 元的养老保险。另外一个更大的原因，则是王爱国年轻时入伍参加过对越自卫反击战，他从 2007 年开始享受退役补贴，由于搬迁原因补贴曾中断。一直到 2019 年底他同意搬迁到银莲湖之后，两地的退伍军人事务局开始协调解决恢复和补发退役补贴，其间因为档案核实等原因，到 2020 年 12 月才恢复发放。而十堰郧县那边一次性补发的退役补贴是到 2019 年底为止，其间有 11 个月空当没有衔接上，王爱国为此跑了很多趟退役军人事务局，一直没有得到解决。

受王爱国之托，我与当地退役军人事务局联系，得到的答复是要求合情合理，一直在努力为他解决，但由于是特事特办，操作上有难度，背景则是十年来政策背景的变化。“如果他是2011年来武汉，就没有这么多事情了，和他一样身份的，2011年来直接发钱，都不查任何东西。然后拖到2019年，事情就复杂了，移民政策也弱了，政府办事流程也严格了。”事务局工作人员在短信中如此解释。以后到了2022年5月底，我收到了该工作人员的微信，王爱国的退役补贴通过设置虚拟门栋关照员领工资的方式终于得以解决。

汉江村的移民土地人均1.5亩，由政府安排统一承包给了当地的老农公司经营大棚农业，移民们得到每人每年八九百元的补助。移民们最初下来，没有摆脱劳动习惯，很多人想要自己种，但种地的收成也很难保证，两地气候有区别。土地统一承包之后，移民们就脱离了农业，除了适合出门打工的年轻人，大部分中老年人无所事事。王爱国也是这群人中的一员，好客的他的小院中，每天摆着一桌麻将，移民们的双手脱离了锄头，码牌摸张消磨时光。

2016年之后，移民们开始领到国家下发的耕地地力保护补贴，每亩地一年80块钱。王爱国一家四口共有耕地六亩，一年能够得到480块钱。

王爱国有两个儿子，一个在十堰结婚成家，一个中学时代随着王爱国颠沛辗转，在江苏上学时没有考上高中，如今在武汉打工，已经27岁，他的恋爱结婚成了王爱国和妻子最大的心病。

房子是其中硬件。在老家，王爱国的房子靠近郧阳城区，接媳妇可以不必另置新房；在汉江村，则必须去武汉城区购买新房，这对于王爱国一家来说是不可能实现的目标。即使是买车，也难以承受。硬件之外，人脉也颇为不利。王爱国说，在老家亲戚朋友多，可以相互介绍，认识人的范围大；在这里没了圈子，人生地不熟，找对象更是艰难。移民村里的姑娘都朝外走，汉江村里有七八十名年过30的单身汉，大都是受制于这种情形。

拒绝在搬迁协议上签字的九年时光，回想起来只是一场失败的抗拒，但王爱国觉得“人，总要抗争一下”。对于当下的生活，他谈不上有多大不满，毕竟比起在拨叉厂宿舍里栖身和清理垃圾糊口的岁月，现在的居住和日用条件都大为改善，无所劳力的日子也称得上悠闲，“不习惯也得习惯”。只是他和妻子的梦中，都仍然会浮现老家的风物，“心还在那边”。

对于第一代的移民，这或许是难以摆脱的宿命。

船老大

2017年的初秋午后，郧阳辽瓦店滩头的汉江江面，比从前宽阔了许多倍的水域上，密麻麻停泊着100多条深口的运沙船舶，在烈日下散发出微微的油漆和铁锈味。船舶新旧参差，新船看上去总是更为庞大，船肚更深。

四年之后，这里的情形依然如故，只是船舶看上去减少了很多。随着房地产市场下跌，运沙生意也受到了相当影响。

船主四分之一是回流的移民，仍旧依托汉江讨生活。其中有康国芬的两个儿子。小儿子是黑龙口移民组组长，和大儿子

辽瓦店渡口，一字铺排的运沙船。

一样在下面待不惯，兄弟俩一起回了老家，合股买了一条装载量1000来方（即立方米）的船，在汉江上运沙。

凤凰山村82岁的韩正龙是位老船工，拉了一辈子的纤，他的两个儿子也回了老家，其中一个在船舶修理厂，另一个与人合伙经营一条3600方载量的大船，从郧县运沙到十堰，“岸上一个，船上一个”。移民之前，韩正龙家五个儿子有两条运沙船，还有一条跑短途客运。“日子过得快活。一搬又败了。”

挖沙运沙，是从前本地辽瓦店居民的一个主要行当，各家都有规模不大的运沙船，偷着挖，偷着卖。后来汉江河道管理趋于严格，禁止私采乱挖，郧阳和十堰一带的砂石采挖经营权被金沙公司统一承包。丹江口库区蓄水之后，汉江水体加深，沙源减少，金沙公司使用大型机械采沙，沿江居民的运沙船必须挂靠在金沙公司名下，由以往的倒卖砂石赚差价变为单纯挣运费。由于单位运费低廉，利润微薄，航程和等货周期加长，船舶必须加大载量才能赚钱，以往的小船被淘汰，船舶载量变得越来越大，达到了上千方，造价高至数百万，单人往往难以承担，合股买船成为常态，一条船会有好几个“船老大”，轮流下水跑船。

韩天钧就是这群船老大中的一个。在辽瓦店江面停泊的运沙船之中，他与人合股的船算是体格最大的，600立方米，一方3600斤，满载时可达千余吨，卸货后的船舱像是一个巨大的基坑，望下去使人眩晕。这是一艘新船，上个月末才从丹江口造船厂接回来，造价200万，由四家合伙购买。韩天钧出资的来源是贷款和借款，其中一部分私人借款也要付二分的月息。股东之中有两位移民，资金的来源也差不多。

韩天钧从年轻时一直吃汉江沙这碗饭，最早是给别人挖沙挑沙装船，多年攒下力气钱自己买了条小船，自挖自挑自运，卖给郧县和十堰起房子的人家。移民搬迁之后，韩天钧在黑龙口只住了十几天就上来了，“下面没有收入”。以后只是过年去待上几天，有个地方吃团圆饭。房子简单装修过，一直空着。运沙船一直没有卖，当时的船容量只有 40 方，造价几万块钱。合股买了这条大船之后，韩天钧感到有了奔头，但肩上的负担也更大了。

小船普遍改大之后，船多货少，运沙的竞争日趋激烈。从采沙地佘家店运输到郧阳登岸，2017 年下半年的运费是 11.5 元一方，一船满载算下来不到一万，四家平分，排队运沙的船太多，辽瓦店码头都是空舱等货的，运气好时五天能排上一次。这样算下来，每家一月也不过挣到一万块钱左右。四块多一升的柴油，一小时要烧掉 70 升以上，成本和人力之外，还要负担借贷的利息。但是为了不给别人打工，大家还是倾向于自己买船。韩天钧一家五口，夫妻头上有个老人，妻子住在郧县的租屋里，还有一个儿子在十堰打工，搞外墙装修。自己在船上住了已经三年，不过是跟人轮班，三天两头会回家里，等到排队运沙的轮次快到了就上船。这天在船上的原因，是估计第二天能够排到轮次，起航去佘家店装沙。

大船二层有好几间单身宿舍可以住，里面铺设有木床。但住在船上的条件毕竟不大好。夏天水面蒸发暑气，像桑拿一样熏人，“天一热我就在水里泡”。眼前年过 50 的他也是赤着上身，保留着地道的船员做派。买菜不方便，蚊虫多，晚上不敢开灯泡。吃水就在江里抽，蓄库以来的水质没有从前流水好，烧开了喝。船上有环保箱，回收污水和生活垃圾，不能随便往江里丢，污油也不能直排，这是韩天钧买的新船上的设施，比旁边的船都先进。

韩天钧感觉现在库区的水质差了，垃圾处理没弄好，有很多腐烂的水葫芦和杂草。但水质仍然比随州的好太多。上次和移民村的书记通话，韩天钧开玩笑说“过年回家，我给你拉一车水回来”，书记说“好”。

虽然刚刚换了“巨无霸”大船，对于将来的生意，韩天钧仍旧有不少忧虑。除了船舶之间的竞争，新近发展起来的碎石成沙工艺，拉低了建筑用沙的价格，瓜分了河沙的市场。能干多久，他和合伙的股东都不清楚。但面对眼下竞争的形势，除了买大船，跑上一趟是一趟，没有别的出路。

没有资本买船的人，只能像韩天钧当年一样，为雇主采沙装沙下力，挣辛苦钱。黑龙口村一位老妇的丈夫已经68岁，在老家给采沙公司挖沙，没有底薪，一月挣2000多还不能按期拿到手，“今年勉强干，明年（年纪太大）就不让干了”。以前老头有自己的小船，因为没有合法运输手续，偷着采沙卖，现在只能干一天算一天。两个儿子都在外打工，一个在四川，一个在湖南，都是自己养活自己。虽然分了家单独过，却要帮助二儿子带孩子，她说自己平时不敢上街，身上没钱。

我和韩天钧一起爬上了三楼的船长室，这里视野开阔，望出去水面辽阔蒸腾，舱内机器设备锃亮，看得出一条大船的气派和船主的精心照料。坐在驾驶员的位置上，掌握黄绿相间的船舵，韩天钧没有表达多少身为船长的喜悦，倒是脸带苦笑，脚下有些发虚，“成本太高，不知道哪天能上岸”。

随着库区环保政策的收紧，近两年来，采沙运沙业务常常遇到查处，时断时续，2021 年曾经停止了半年。加之房地产市场下跌，运沙利润比往年下降了一半。在移民当中，能够买船运沙的人受到羡慕，也确实赚到了钱。但在他们自身看来，前景始终模糊不定。

外乡人

搬迁到异乡初期，方言有异加上人情阻隔，移民和本地人的冲突不断。

最初两次都起因于交通事故。一位凤凰山村移民骑电动车接在镇上小学念书的孩子，骑得比较稳，遇上一辆本地拉沙车，不停打喇叭催他让路，双方争执起来。本地人叫了人来，接孩子的移民也想叫人，手机被对方打脱手了，只好回村喊人。黑龙口的移民也闻讯赶去，双方闹到万福店派出所，移民要求对方道歉，对方不肯，处理事态的当地干部也态度含糊，一时僵持不下。作为曾经教过书、当过供销社干部的“能人”，韩天鹤此时充当了出头角色，他喝了点酒，借劲闯进万福宾馆镇领导和派出所所长等人的饭局，面对派出所所长大声发言说：“我是中国最小的一个文化人，今天有权利要求你们在这儿道歉。”派出所所长答应了，此后本地人由派出所所长带领，当街向移民道歉，承认不该欺负外来移民，事态才平息。

另一次是搬迁第二年，下雨天路滑，移民村组长的四儿子和一位本地移民骑摩托撞了车，本地人没有打转向灯，被老四的摩托车撞伤，本地人喊人来打了老四。移民村群情激愤，去了很多人，把打人者找到揪住，在派出所门口按住打了一顿，又让他掏了被撞伤者的医药费。

经过这两次冲突，本地人知道移民齐心，争执的事渐渐少了。但后来还是发生了规模更大的烤鸭店事件。事件起因于一位黑龙口移民在万福店街上开了家烤鸭店，眼看生意蒸蒸日上，却招来了本地同行的嫉妒。有天一个万福店街上的混混故意将电动摩托车停在烤鸭店门口，店员让他移开，他非但不听，反而开始砸店面玻璃，掀翻桌子上的凉菜。两个村的移民闻讯赶去了几十人，要求派出所拘捕打砸的混混，后来烤鸭店得到了几千元的赔偿。移民们怀疑混混闹事是出于一家本地人开的烤鸭店支使，此后生意没有再受干扰。

经过最初几年的磨合之后，移民和本地人之间的冲突渐趋减少。韩天鹤感到，本地人其实相对温和，反倒是移民由于心态敏感显得反应过度。双方渐渐进入一种井水不犯河水的状态。由于喜欢下棋，韩天鹤也结交了两位本地棋友，经常在公路旁边的理发店里鏖战上大半天。另有一位本地村民，儿孙都在武汉，在嫁来凤凰山的姑娘家玩，天天来移民村找韩正龙聊天。

汉江村也有类似的冲突。移民们和本地居民打过架，原因是本地人说话好带脏字，移民们认为对方在骂人。几次冲突之后，本地人和移民说话就不再带脏字了。搬下来第一年，一位姓金的移民在老农公司干活，摩托车放在公司内部道路边，一个本地老混混骑摩托车过，说移民的车子挡了路，骂人，金某跟他打了一架，把老混混的脸打肿了。

由于移民心齐抱团，时间久了本地人有点怵，说是“移民爷爷”。发生事端派出所调解，也偏向移民，不敢捅了马蜂窝。

早先一辈的柴湖移民和本地人之间，也上演过类似的剧情。搬迁之初，双方之间经常发生械斗，起因之一是由于移民不熟悉本地水土，不会种菜，偷当地人的，被抓之后发生冲突，会达到动刀子的程度。时间长了，本地人知道柴湖移民抱团，轻易不敢招惹，口头把移民叫作“老汏”，移民们则叫本地人“蛮子”。一直到第二第三代，这种风气仍然延续下来，移民们整体处于弱势，但由于抱团又会显示出某种霸道。譬如柴湖镇下面有个水口镇，司机驾驶从当地去县城的车，不敢在柴湖停，怕被柴湖的移民司机打。在柴湖出生的移民后代李意博自我感觉“移民的名声不太好”。

实际上，相比起移民和本地人的明面冲突，两者之间的无形障壁是更难打破的，语言、习俗和民风不同，移民的亲属近邻圈子还在老家，在异乡自成一体，难以融入当地。韩天鹤除了下棋，和本地人没有交往，婚丧嫁娶互不走动，这也是移民和本地人之间的常态。

11 岁的韩文静在万福店中心小学上六年级，她感到本地有的同学会欺生，“说我们是搬过来的”。她常常想念老家，“老家有好多好多辣条”。一个小男孩回忆，那时韩文静家里开了个小卖部，有很多辣条，她常常偷出来给大家分享。

李意博上小学初中时没出过柴湖，同学都是河南淅川县过来的移民。大家说着老家的方言，很多人几辈是亲戚近邻，互相打成一片。由于学习成绩好，李意博初中毕业后考上了市一中，身边没有什么移民的子弟了，李意博发现自己到了一个完全陌生的世界。

他的河南方言一出口会引来全班爆笑，第一堂课他的脸红到脖子根，想当场逃离课堂。为了融入群体，李意博开始学说当地方言，虽然渐渐可以沟通，但始终说不标准，自己心里也别扭，“一开口就有奇怪的感觉，有背叛自己的某种耻感”。多年以后，坐在北京城区的咖啡馆里，李意博回忆当时的情形，仍旧会不自觉地皱起眉头。

成绩好成了李意博的保护伞，使他得以在完全隔膜的环境里适应下来，考上大学走出了柴湖镇和钟祥市。到了今天，钟祥当地人看柴湖移民已经很平常，但李意博偶尔回家遇到钟祥当地人，还会不自觉地开口说钟祥当地的方言，腔调半生不熟，当地人一听就说你柴湖的，反倒嫌别扭让他说普通话。

在内心深处，李意博会有一种不知自己算哪里人的感觉。好在相比于身在北京多年的漂泊感，这一点已经显得不那么重要了。

扎根

金存壮从老家柳陂镇走的时候，什么坛坛罐罐也没有要，只抱了两床被子下来，其他都打算在新地方购置，从头开始。

在银莲湖汉江村定居以后，他和老婆都去了承包移民土地的老农公司上班，月工资 2000～3000 元，这也是很多移民的选择，当时总共达到一百多人。金存壮在那干了四五年，后来公司效益下滑，不再需要那么多工人，到 2021 年只保留了两名移民做中层管理者，其他的是临时需要招人干活，一天百十块钱，金存壮的老婆就在公司打短工。

十年过去，汉江村的小区条件和周边环境已经大为改善。

尤其是2015年开始，汉南区和武汉市经济开发区开始一体化规划之后，规划投资项目增加了不少。小区的场地和道路得到了修整，绿地和健身活动场地增加，开辟了专门的篮球场，为居民加修了院子围墙，小区主干道硬化得宽敞平整，道路两旁排列着农民干活的主题雕塑。

移民们得知，政府为改善汉江村小区环境投入了近亿元，主要用于土地改造和绿化维修。小区外的楼房也变得多了起来，不再如当初的荒僻，显出某种大城市远郊区的氛围，通往湘口镇和纱帽的公交变为平均不到一小时一班。“条件比当初好多了。”

但相比于武汉近郊区，银莲湖当地的工厂和大农业并没有发展起来，老农公司的衰落就是一个例子。这使得移民的就业始终存在问题。金存壮从老农公司失业之后，赋闲了两年，仍旧把挣钱的眼光投向了老家。在老家搬迁之前，他跑过多年运输，为郧阳和十堰城区拉房屋装修建材。下来之后人生地不熟，车子只能在搬迁之前卖掉。因为在老家有这方面的经验和人脉，前两年，金存壮回到了十堰给当建筑包工头的朋友帮忙管理，每月挣七八千元。现在年纪大了，干不动工地上的活，只好回到汉江村，“什么也不干，玩”。王爱国家里搓麻将的人群中，偶尔也会有他一个。

金存壮有两个同胞兄弟。弟弟一直留在老家，没有下来住过。哥哥住了一段也回十堰了，房子租给本地人，原因是老家打工方便。金存壮从前有过一次婚姻，前妻带给他两儿一女，都在十堰和郧县成家立业，以后又和现在的妻子要了小儿子，眼下在湘口上初中。小儿子对于老家没有多少概念，金存壮对

武汉银莲湖江汉移民村，小区的农民雕塑被戴上了防疫口罩。

他提出在十堰买套房子，小儿子不想回去。但金存壮自己却放不下这个打算。

“肯定是要在上面买房的，（每年）住上个几月半载”。亲戚孩子都在上边，虽然觉得“这儿也还行”，年届60的金存壮还是想落叶归根。

2016年初秋，凤凰山移民村毗邻的旷野茅草随地形起伏，很大一片开辟成了太阳能发电场，缓坡上密麻麻铺设着暗中吸收阳光的钴蓝色金属板，看起来像是某部科幻电影中的景观。越过这片景观，有几片规模不小的羊场，是凤凰山的移民搭建的，彩钢苫盖的大棚屋顶下散落着50来只像戴着一个棕色头套的波尔山羊，显得数目太少了些。

黄和平驾驶三轮车颠簸归来，驮一整车的花生藤饲养羊群。她径直站在车上往圈里扔花生藤，羊群纷纷凑到车前来吃。过一会儿她还要赶羊群去放牧。

一身褪色的迷彩服，穿得鼓鼓囊囊的她看上去是个饱经风霜的中年女人，其中也包括羊场的波折。羊群凋落到现在这个规模，经历了大规模的瘟疫。2016年因为羊瘟，政府要求挖大坑活埋了30来只大羊，其中母羊一只1500元，种羊则高达5000元一只。第二年因为大量死羊，跌价到近3000元。这批羊一只都没有剩下来。2017年，黄和平家又买了60来只羊，繁殖了十几只羊羔，全部生病死了，连同种羊死去20多只，不然羊群的规模会有70多只。

韩天俊是移民村六组组长，也是这群养羊户的带头人。他刚刚在自家大棚给羊打过防脑虫的针，手上拿着一支空了的针管。养羊户共有十家，2015 年大家一起从山东买羊，因为不懂技术，羊买回来时就有传染病，政府统一安排签字消杀，每家都亏损了好几万元，协议上镇政府补贴的每只羊 500 元拿到了，省里补的 240 元还没有到位。经过这番打击，十家养羊户只剩下 7 家。2017 年，春天死羊的原因是驱虫不到位，三月份除了一次虫，预备六月份再除，不料羊吃的草虫子太多，不到第二季度开始拉稀，天天要打针，起初没有经验，打针的剂量不够，羊群走一段走不动了，眼睛翻白倒下，韩天俊死了 14 只羊，原本 60 多只的羊群只剩不到 50 只。以后有了经验，打驱虫针时加大剂量，才制止了羊群的死亡，但上半年的指望全都没了。

养羊还有另一宗困难。羊群长期圈养不仅草不够吃，还会导致疫病流行，不时需要放牧，羊群能吃到自己喜爱的草，时常运动也能保持健康。但凤凰山附近的荒野和当地居民的耕地犬牙交错，生性散漫的山羊群时常越界，去吃滋味更为肥美的庄稼，牧人很难时刻拦住，引发移民和当地村民之间的冲突。

养羊的投入除了买羊，更大宗的是建造大棚。政府出钱做了三通一平，大棚的投入是自己的，每家大棚花费达到十六七万。饲料是另一宗支出大项，为了保证生态羊肉的承诺，移民们只喂粮食和草料，没有添加人工饲料。放牧之外，仅玉米一项，一家一年下来要喂 1000 多斤，另外是自己种植高粱、黑米草、花生藤。这些投入都需要在羊身上出息，但移民们开始养羊以来，连续两年羊价下跌，由前几年的活羊每斤近 20 元走低到 11 元。移民们还没有卖过羊，韩天俊打算过年前卖掉 10 头，收回万把块钱。

和在老家的打鱼运沙相比，养羊是个辛苦的行当。日晒雨淋放牧之外，韩天俊和老婆一年四季住在羊圈，家里的房子空着，用老婆的话说是“长住在沙家浜”，身上都是牲口棚和青草混合的味道。最初开始养羊的时候，没想到会成为骑虎难下之局，只能走一步算一步了。

事后看来，2016年的羊瘟是一个转折点。由于难以消灭的疫病和跟周围居民的矛盾，养羊渐渐走向式微。次年开始，随着猪肉价格上涨，养殖户们纷纷脱手羊群，转向养猪，从前的大棚改建为猪舍。在两年左右的上行行情中，养殖户们赚到了钱，补偿了之前养羊的损失。但2020下半年之后猪价回落，养猪生意也随之走向平淡。到了2021年，和养羊相似的故事开始重复，大规模猪瘟来袭，各家养殖户都遭到重挫。

相比起养羊来，养猪的辛苦程度要高得多，卫生方面的要求很难，除了一家规模最大的养殖户用机械设备自动除粪，其他几户都要靠人工，每天身上都是臭烘烘的。一旦猪群的规模扩大，猪舍拥挤，就很容易暴发猪瘟。

2022年开春，走在由凤凰山村通向曾经羊舍的路上，从前的荒草荆棘已经消失，曾经蔚为壮观的太阳能发电板矩阵不再显眼，脚下的便道硬化为水泥路，靠近猪场还设置了车辆消毒水池。羊舍大棚所在的山坡上，增添了连排的白色水泥平房，橱窗宽阔，看起来像是某种小旅馆，其实是猪舍，旁边还建起了两层的楼房，是规模最大的一家养殖户在此常住。大棚也改换成了暗绿色屋顶，和新建的猪舍毗连，覆盖了整座山坡，宛如某座城堡。

但接近猪场，并没有闻到熟悉的气味，也并未听到哼叫。一场瘟疫扫荡过后，屋顶下几乎空空荡荡。

转向养猪之后，韩天俊的运气算不得很好。由于养羊亏损大，在前几年猪价上扬的时候，他没有能力大规模投入，花了十来万，只养了 50 来头。规模上去后，赶上去年的猪瘟，大小死掉了 100 多头，圈里只剩下十几只，一头母猪死去要亏损 500 元，合下来亏损六七万元，一再受挫之下，他已经不再打算养猪。死掉一两百头猪的有好几户，其中韩天俊的四弟因此背上了 20 万元的欠账，四弟家前几年养猪赚了四五十万元，给儿子在随州买房娶了亲，眼下却又入了坑。

养猪的成本比养羊高出几倍，韩天俊当初买入 11 头母猪，每只就要花 4000 元左右。更大宗的则是饲料钱，完全依靠投喂的一头猪每天要吃掉五斤以上饲料，也就是十元钱，猪场每天的消耗都在几千元。猪瘟又是慢性的，在最终死亡之前仍会消耗饲料，最终血本无归。

和韩天俊不同，多数养殖户仍然打算坚持。其中在头年的猪瘟中损失较轻的一家，春节后已经购入了 20 来头母猪。苟宗霞家的圈里现在空空如也，200 头猪都在去年的猪瘟中死亡了，亏损几十万元。虽然如此，丈夫并没有出远门打工，两人在观望行情，准备购入母猪和猪仔重新开始。毕竟前几年养猪赚了钱，而她去年生了第二个孩子，丈夫在家养殖可以照看家庭。

黑龙口村外看不到养猪的大棚，刚刚回暖的阳光下面，分布着一片片等待苏醒的果园。

韩奎的外套搭在果园的篱笆门旁，他和媳妇正在给一排排的梨树松土，挥锄的身影和梨树的枝桠交错，斜铺在开春正在复苏的土地上。54 岁的韩奎是黑龙口移民村的组长，七年前他

凤凰山移民村，已成规模的养猪场，昔年是几座羊棚。

投资两万元开始种金果梨，如今名下有四亩果园，今年还增加了三亩早熟的新品种，自己在网上和市集发售，每亩一年能挣5000来块。黑龙口像他一样经营果园的移民共有十来家，果园面积已经相当可观。不过种果树的收入毕竟有限，因此大都是50岁以上的中老年人在经营，青壮年仍旧是在老家跑船运沙或者外出打工。

13年过去，韩奎身后的黑龙口村并没有像他栽种的果树那样，在这块土地上扎根。村中的常住人口仍然零零星星，大都是老人孩子，即使是过春节，开门贴春联的人户也不到一半，而在老家十堰或者郧县买了房子的人占了一半多。一个有说服力的标示是村中出生的人口，13年来没有人家在村里娶媳妇结亲，村中出生的婴儿几乎没有，大都是在老家娶亲生子。相形之下，凤凰山的情形要好一些，有六七户结婚的，生了八个小孩，两地相加和地处城郊的枣阳县惠湾移民点没法相提并论，惠湾移民点人口不到前者的一半，却有30多个小孩出生。耐人寻味的是，凤凰山移民娶的媳妇几乎没有本地姑娘，都是老家人，或者是先前自发到这里的陕西移民。

随州本地娶亲的条件要20来万彩礼，加上城里的房子，这几乎是并不殷实的移民们难以企及的门槛。韩天俊的四弟正是因为给儿子娶了本地姑娘，在随州买房，欠下了数十万债务。而老家和陕西移民的姑娘，大约因为身份类似，没有这样苛刻的条件。

苟宗霞正是这样一位陕西姑娘。她出生在陕西省紫阳县的高桥镇，山高地少，全家在她九岁时迁徙到万福店，承包国营农场的土地耕种，她在上学之余还要帮家里干农活，日子充满

凤凰山移民村，媳妇们带孩子在村头晒太阳。

辛苦，高中毕业后进厂打工，遇到了凤凰山移民村的年轻人韩文，两人谈了恋爱。结婚时苟宗霞没有要昂贵的彩礼和房子，婚后夫妻感情不错，“我觉得他人还行，老实”，八年之中生育了两个子女，小的一个尚在她的怀抱之中。虽然养育了两个孩子，平时还帮着搞养殖的丈夫出猪圈喂食，苟宗霞在一众移民村妇女中仍旧显得年轻时尚，身穿粉红色高领毛衣，脸上洋溢着淡淡阳光，她已经彻底离开了童年时贫瘠封闭的大山，在这块异乡的土地上扎根。

对于一出生就迁移到柴湖的万巧莲来说，扎根延绵了三代人的时长。万巧莲的爷爷在第一次丹江口蓄水时移民到青海，后来在大饥荒中回流淅川，这次又跟着儿女迁往柴湖。万巧莲后来听说，很多老人抱住大树不愿意走，有人临走用罐子装上了家乡的几抔土。

万巧莲幼年的记忆充满了辛苦。从能走路起，她开始打猪草，上学时手提一个苇编的篮子，放学路上打满一篮猪草带回家。放假时要跟着大人种棉花。本地人开荒时根本不会盯上的苇子塘，是移民们开辟耕地的唯一来源，他们硬是让水泡子变成了棉花地，可是棉花地里的活路一样辛苦。

当时国家大力号召种棉花，但在长江北岸的钟祥一带种棉并不合适。棉花的根株长得很高，但产量不丰，品相并不好。秋天的多雨时节，需要跟天气抢夺收成，一旦成熟开苞，经受雨淋，棉花就不成了。从春到冬，经管起来太麻烦。

其次是种小麦，同属北方作物，产量也上不去，容易患锈病。按说适合的是水稻，没有水利灌溉措施，种不了。一直到

20 世纪 90 年代修了引水渠，才开始种植水稻，几年后天气干旱，水利设施荒废，水田又种不成了，恢复成小麦玉米。

当时国家没有什么补助政策，移民离乡千里白手起家，茅草苇子屋一直住到 20 世纪 80 年代，才开始换成砖垒瓦房，屋顶先铺一层牛毛毡，上面盖瓦，在横梁上郑重地写下“姜太公在此百无禁忌”，还是老家起房造屋的风俗。这时万巧莲已经成年，她像绝大多数移民的孩子一样上到初中就早早辍学，在地里完成了自己的成长教育，到了谈婚论嫁成家立业的时候。

她的对象也只能是在移民圈子内部的，两人的家相距几公里，经媒人介绍结婚。长子李意博出生记事之后，记忆中最大的印象仍然是贫穷。

和妈妈一样，李意博需要课余帮助家里劳动，摘棉花种花生修排水渠之类，同伴们很多人三四岁刚会走路就开始放羊割稻。上高中之后，已经是本世纪之初，和县城的孩子一对比，他真切地感到了柴湖移民的贫穷和低微。

和上一代一样，移民子弟仍旧通常在初中辍学，上高中的很少。当年钟祥一中总共录取新生 1200 人，柴湖移民子弟不到 20 人，占比 1/60，而柴湖移民人口占全县的比例是 1/10。一中录取的学生并不都是考上的，三分之二是通过交赞助费，分数低的学生需要交两三万块。这些交得起赞助的学生中没有柴湖移民后代，当时柴湖移民的人均年收入不过几千块钱。李意博感到很不公平，写匿名信给校长抗议此事，遭到学校的调查，要找出作者开除，李意博因为成绩好在班主任保护之下过关。

住校期间，李意博一个月的生活费是 200 块钱，不够吃不够花。这些花费来自父母在开荒的地里侍弄花生、棉花和大豆的收入，棉花价格曾经由一块涨到四块，但移民的收入仍旧微薄。李意博不得不自己动心思。有天在食堂吃饭时遇到学校工会副主席，李意博有意找他聊天，提到自己上不起学。因为李意博是全校拔尖的优秀生，工会副主席给予照顾，安排他到学校食堂帮工盛饭，报酬是免费吃一顿饭。靠着自己挣来的这顿饭，李意博保证了长身体和用脑耗费的营养，考上了华中科技大学，成为移民子弟中罕有的走出柴湖的人。

李意博在校读书的时候，正值农业税改革，他回忆柴湖农村许多人拒交提留和各种收费，李意博的爸爸老实，交费后领到的是各种白条。有一年村委会换届，说村里欠了国家的债务。后来国家适时取消了农业税费，欠债不了了之。

与本地农民相比，柴湖移民更显贫穷的原因之一，是开荒出来的土地太少。本地人开荒早，一家有几十亩地，移民只有每人一亩多地，土地难以扎根养人。除了像李意博这样考上大学的，出外打工成了下一代普遍的出路。柴湖移民去上海打工的人很多，有一个罗城村，由于在上海浦东打工的人太多，形成了一座“小罗城”。相比之下，本地人出门打工的要少得多。

外部环境宽松之后，移民们不断反映以争取自己的权益，柴湖移民村逐渐受到关注，外界开始意识到他们为南水北调做出的牺牲，政府开始政策倾斜和加大投入。2013 年，湖北省成立了大柴湖经济开发区，和钟祥市平级。此后引入了很多投资开发项目，也改善了环境。其中很重要的一项是饮水工程。

因为机井的水质不行，柴湖曾长期是癌症高发区，许多老年人到了六七十岁就罹患各种癌症。李意博的爷爷 66 岁时查出食道癌，开刀后五年去世。外公也是食道癌，查出时已是晚期，在输血时昏迷死亡。柴湖的癌症发病率位居钟祥之首，引起了政府注意，在21世纪头几年兴建了自来水引水工程，柴湖人喝上了来自汉江的水，口感和质量都改善了许多。

差不多在同时期，国家出台了移民补贴，每位柴湖移民一年600元，一共给付20年。另外是引进扶持了一些企业，其中包括外出移民返乡创业的。李意博的姐夫年近60，在一家返乡移民创业的花卉公司基地上班，给售卖的小罐花卉浇水，一月可得2000来块钱，这家花卉公司的产品销往全国，正式职工达到两三千人，其中大部分是柴湖移民。另外还有机械厂等很多企业。比起出外打工来，报酬还是偏低，因此主要解决了老年人和育龄妇女的就业。李意博的小姨子生了三胞胎，无法外出，也在花卉基地上班，每月可以挣到3000来块，妹夫则出外打工，挣得抚养三个孩子的花销。

甚至在上海至成都的沿江高铁规划线路上，柴湖也成了一个因素。这条铁路线曾经引发沙洋与钟祥之争，起初规划的沙洋站点被放弃，高铁改而向北绕道约十几公里经过钟祥，增加造价十多亿元，高铁站就修在柴湖，离李意博家只有两三公里。本地人觉得，柴湖是沾了国家照顾的光。

柴湖集镇中心建设了移民新城，无复当年苇墙茅檐的旧观，还修建了一座大柴湖移民纪念馆。柴湖由当年受歧视的穷地方变成了令本地人羡慕的对象。移民们半世纪付出的代价，到了第三代人终究获得了回报。

这份迟来的光鲜，也不免经历时代潮水的淘洗。村民的地都包了出去，每年能得到一亩地1000元租金，随着企业不景气，租价下降到800多元。打工成为主流，修葺一新的移民村里其实没有多少人居住，打工的年轻人不愿回乡定居，在钟祥乃至武汉买房，成为时下婚俗中的硬件。前一段时间，李意博的舅舅找他借了五万块钱，用来给儿子购置婚房，女方要求男方家里一套楼房，市里还得有一套房，有的还要求在武汉有房。本地农民对于结婚没有这么高的要求，原因是他们出门打工的人不如柴湖移民区多。

移民新村的楼盖得比本地人的好，楼里住的人却少。李意博家后面的联排三栋楼房，是一家三个儿子起的，只有两个老人居住，父亲不时还出门打工，只有母亲一人留守。李意博的父亲常年在外打工，前两年在湖南，母亲万巧莲五年前就来了北京，先后帮助李意博带两个孙子。爷爷已经去世十来年，家里只剩下了奶奶。年已耄耋的奶奶腿脚不便爬楼梯，不愿意住后起的楼房，仍旧栖身在很多年前起的三间瓦房里，每天出门和村里的其他老婆婆打牌。李意博委托邻居，每天清晨出门，帮助看一眼婆婆的屋门开了没有，“如果没开就赶快通知我”。

至于政府统一规划的移民新城，很多移民也不愿去住，因为没有院子不能种菜，六层楼的阶梯也让村中留守的老年人望而生畏，只有从前家里没有起房的可以借机用宅基地置换，住上条件不错的楼房。

李意博自己只是在逢年过节时偶尔带上母亲一块儿回去看看。有时候他站在面貌一新的柴湖地面上，会有种特别的感觉，一家人用了三代才在这里扎下根，到自己这辈却又纷纷离开。

“我不知道自己到底算哪里人。”跟人聊天，对方是河南人，他就会说自己是河南人，如果是湖北人，就说自己是湖北人。从文化习俗的意义上说，他觉得自己是河南人，一开口就是北方语系的口音，普通话发音比较重，外观也不像湖北当地人。

但在河南淅川老家，李意博已经没有什么亲人了。小时候他回老家探望过舅舅，舅舅家住在伏牛山余脉的半山上，不属于淹没区，印象中只是穷和陡，“站在山路上陡，不敢朝下看”。舅舅多年前也去上海投奔在那边打工安家的女儿了。

在北京这些年，李意博一直想着回河南去看看，哪怕只是对着那一片变得更为苍茫宽广的水域，望上一望，“也算有个寻根的感觉”。

先行者

在万福店周边原国营农场的土地上，韩家洲和堵河口的村民们不是第一批来到这里的移民。

从凤凰山村往东三四里路，通村小路到达潘家湾和龚家湾，撂荒地四处可见，一些破旧的平房零星散布在起伏的田野中，外表远远比不上移民房屋的齐整，和周边的农工小区更是处境悬隔，像是被外界遗忘了。

平房的住户是移民的先行者，定居此地最早已有近 30 年，迁徙轨迹也是从汉水中上游来到此地。和遵从国家安排的南水北调移民们不同，他们是自发的。

66 岁的李英美老家在汉水上游的陕西省紫阳县双流公社，搬迁下来已有 20 年，原因是老家的山高，没有地种。听别人介绍这里的国营农场招募劳力，举家离乡迁徙下来，免费承包农场的土地，自建房子，养育成人三个儿子。自从来到这里，李英美再也没回过 1000 多里地外的老家，婚丧嫁娶的人情都是

"当家的"回去赶。如今三个儿子都在外打工，李英美和老公继续在农场种地，体力衰退后，原来14亩的土地退掉了10亩，留下的4亩是自己向迁走的农场工人购买的。和农场工人相比，李英美没有退休工资，只领取一个月70余元的老人金。由于错过了补缴新农合社保的年龄，她也没有退休金。去年以来，她的胃口感觉不对劲，吃不了干饭，身体浮肿乏力，在随州的医院也没查出什么来，仍旧在地垄芟除花生藤，发掘自己的生活费。

相比之下，来得更早的梁金安和贾似菊夫妇晚年多了一重保障。改革开放之初，梁金安的表哥从紫阳县山区迁徙到这里种地，梁金安夫妇随后前来。初来乍到没吃的，没有房子住，连坐的凳子都没有，一家三口挤在一间漏雨的偏厦里。农场跟移民签过两轮承包合同，梁金安和贾似菊赶上了，赶不上两轮的只能和农场工人签约转包，这些工人因为农业税费过高放弃了耕种。到了退休年龄，梁金安在2016年可以拿到每月1000多块退休金，相比起工龄更长的农场工人还是要少一些。

当时的湖北是全国棉花主产区，农场给承包人下达的种棉任务重。种棉是辛苦活，一年到头在地里，土地又容易板结，不保墒。不过比起少地的老家，总算能刨出养活人的粮食来。生活水土一开始不习惯，不过一年年地也习惯下来了，像李英美和老公一样，两口子很少回老家，"亲戚多，花不起钱"。留在家乡的父母年老生病，梁金安都回乡探望，等到父母先后过世，却没有回去送终，路程太远，等赶到，父母应该都上山落葬了。

一家人至今居住在当初的落脚地，石棉瓦顶的屋子是挨着那间漏雨的偏厦一点点搭建起来的，一直没有翻新，年深月久时常漏雨。墙壁是零碎的红砖砌成的，斑驳参差，掩映在周围的草丛菜地中。梁金安和贾似菊只有一个儿子，在附近一带做装修，却没有培修自家房子的打算，一家人的起居似乎停留在20世纪八九十年代。

相比之下，李英美家的房子看上去光鲜了许多，去年趁着新农村建设的政策优惠，自家也花了3.8万元，做了全面的培修，看上去像是新房。这大约也和三个儿子在外打工，有挣钱的人有关系。

韩天鹤和这个早先的移民群体打过一次交道。一个农场移民路过凤凰山时摩托车坏了，有点手艺的韩天鹤帮他修理，得知车主是早年从上游安康来到这里的移民，不过那人迁移下来的原因是1983年安康发洪水，老家的房子财产在一片汪洋中化为乌有，索性搬迁到异乡从头开始。

这些自发的迁徙者并不是万福店土地上最早的一批移民。凤凰山国营农场历史上是一个劳动教育农场，曾经先后承担过劳教劳改、干部下放、知青下乡人员的接纳任务，农场的工人大多是下放或者劳动改造人员，他们和汉水移民们一样，是响应了国家政策的迁徙者，改革开放之后或走或留。后来的下乡知青几乎走光了，但仍然有个别因为成家等原因没有回城，长期在农场居留的，眼下成了韩天鹤们的邻居，武汉女知青刘川省就是这种情形。

刘川省孤居在挨着移民村的本地居民社区里，年过七旬的她拿着放大镜看《知音》杂志打发时间。1968年，16岁的刘川省和大批学生一起响应领袖号召上山下乡，从大城市武汉来到随县万福店农场，到达这里的知青一共有 90 多名。大约同时期，万福店还接收了大批中央直属单位和各部委的下放干部。不像知识分子和高官云集的沙洋及咸宁干校那么显赫，来这里下放的最大干部是人民日报社总编部主任。告别课堂的刘川省在这片田地里从头学做农活，栽秧割麦，吃的是食堂，住处是 1958 年劳教人员留下的窝棚，以后改善为瓦屋，几个人一间。再之后农场建厂，刘川省和知青们的劳动改为搬砖，刚从窑里烧出来的红砖很烫，碰到皮肉会受伤，冬天在堆场上干活又很冷。"都苦"，刘川省回忆说。

为了在农场安顿下来，捱过辛苦的生活，刘川省和另一位在凤凰山下乡的知青恋爱结婚，婚房只有半间，一间 20 平方米的房子两家合住。20 世纪 70 年代末知青回城，刘川省和丈夫因为成了家，按政策仍旧留在农场，成为农业工人，生儿育女。

几十年过去，丈夫患上了偏瘫，在床上躺了三年，十年前去世。女儿出嫁，儿子成人后招工到襄樊二建公司，公司倒闭后下岗，婚姻也破裂了，一个男孩归了女方，儿子在外漂泊打工，起初是开车跑运输，后来换了多种职业，刘川省不知他人在哪，过年都只是偶尔回来一次。

"（他）头发花白了。"提起 40 多岁的儿子，刘川省似乎自言自语地喃喃。同样已头发灰白的她，脸上有比 60 多岁的年龄更显沧桑的皱纹，像是这里田野之间穿插的小路。

眼下刘川省有一月 2000 多元的退休金，自己种点菜，闲时看电视看书打发时光。几年前建设凤凰山汉江移民新村时，按照统一样式建造了毗邻的农场居民新村，刘川省自己拿出了五万块积蓄，告别瓦屋住进了现在的二层楼房，条件改善了很多。只是对于独自居住的她来说，屋子显得有些过于空旷了。身患糖尿病的她，只能自己照顾自己。

“当时国家困难，苏联抽走资金，城里人多了，压缩下来。”对于改变了自己一生命运的上山下乡，她平静地解释。

支边

2016年10月的下午，75岁的张荣光带着孙子坐在许昌金营村路边晒太阳，他的一条腿有些瘸，光脚穿着皮鞋，僵直的手指时常摩挲干枯起皮的脚背，秋阳把他的影子长长拖曳在地里，像是一生中两次移民之间的漫长时光。

第一次移民是在18岁，去向是青海。当时是1959年开春，丹江口水库开工后不久，库区开始疏解人口，其中有2.2万人的去向是青海。淅川县滔河乡的年轻人们接到了支边的号召。像那个年代的众多号召一样，支边听起来让人动心，更会使年轻人的血液沸腾起来：去那边穿军装，吃公粮，在大草原上纵马驰骋，建设辽阔美丽的边疆。加上在乡村吃不饱饭的现实，让年轻人踊跃着报名，更何况报名时还设置了门槛：党团员优先，出身和社会影响不好的不要，一时间支边成为最光荣的事。

张荣光和二哥就是这样被选拔上的。两兄弟的父亲早逝，头上有个大哥，大姐几岁时就给人做童养媳，换来大哥的媳妇，二姐三个月大就送人了。母亲到处给人当奶妈，挣钱养活子女。听说有出远门吃饱饭的机会，兄弟俩都高兴。这也是报名的多数年轻人的心境，走的时候按照部队编制，分为男生队女生队，以营连排为单位，也是敲锣打鼓欢送，像是戴红花参军一样。

坐上闷罐子车，路上十几天，心气慢慢地低落下来。闷罐子车上没有座位，只能席地坐卧，窗口很小，车上也没有厕所，“跟运猪似的”。在小站上停车，人们下去在野地里解决生理需求。吃的是粗粮糜子面馍馍，总算比在家里大食堂喝的稀粥管饱。进了青海地界，开始不停地钻山洞，车厢里黑咕隆咚一片，有的女孩就开始哭了。

到了西宁下车，男女队分开到不同的县，到军垦农场干活，离西宁两天一夜的汽车路，翻越一座雪山才到达，一落脚看到周围的条件，同样来自金营村的董云宛和几个女伴哭倒了一片。

虽然编成了部队建制，穿着没有领章的黄军装，也顶着“205”的单位番号，支边青年们的身份却和部队没有关联。没有房屋，就地在荒野上扎帐篷，一班一顶。席子都没有，直接睡地下，到山上砍些柴火垫上，男女一律。二月份的天气，家乡已经沿河插柳，这里遍地冰雪冻土，帐篷里生个小柴火炉子取暖。地气太冷，帐篷太薄，早上醒来眉毛挂着冰碴子。

旷野上风大，帐篷动不动就被刮跑了。睡梦中骨碌碌爬起来撵帐篷。不敢睡实在，一看篷布扑腾扑腾起来，赶紧全班人起身搂住，人少了连帐篷刮走。

帐篷实在住不成，改成打地窝子。往地下掘进去几尺，地窝子顶上苫盖篷布柴草。这样好一点，但遇到下雨天进水，土方有泡胀倒塌的危险，金营村的几个女孩子在一次塌方事故中去世。地窝子里成排挖出土台子当床，但地气依旧寒冷，张荣光的指节麻痹，脚掌气血不通，身体里有寒气，就是在地窝子里睡了两年多落下的。

地处高原，空气过于稀薄，很多人有高原反应，喘不上气。

18 岁的金玉照一到青海就开始吐血，住了一个多月院，回去挖地又开始吐血。年纪大一些的人，有的患心肺病死亡。

吃的也不行，没有细粮，只有每顿一小碗炒青稞面糊，壮年小伙儿根本吃不饱。没有青菜，姑娘们很多患上了夜盲症，看不见东西。连盐都供应不上。一个月 30 块工资，却买不到粮食。正值“三年大饥荒”，已经短缺的口粮标准又减为 24 斤“原粮”，含有大量麸皮和杂质，还有麦秸磨成的淀粉，吃下去拉不出来，互相往外抠。粮食的行情贵到了一个蒸馍换一块罗马表的程度。张荣光和大家一样患上了浮肿，年纪轻轻头发落完。

很多人开始逃亡，金玉照是其中最先尝试的一个。他乘劳动的时候开了小差，半路被抓回来。后来他还是跑回了淅川老家，活了下来。

逃亡成为风气。周皂女所在的连队，一共近 200 人，跑回老家 100 多人，连支边前身为国家干部的营长也跑了，周皂女也随大流回了老家。董云宛所在的女生队有 30 个人，都跑光了。董云宛因为不识字，不敢跑，以后女生队解散被送回老家，回来时女队剩下没几个人了。

董云宛的父亲死时身边没有人，父亲穿着随身衣服，裹着董云宛拿出来的被子下葬了。母亲和兄弟回了老家，幸存下来。

因为年轻，张荣光和二哥在饥荒中幸存下来，二哥在一次探亲回乡中被母亲留住，不让再去青海。张荣光和董云宛一样，在青海一直待到 1965 年队伍完全解散的时候。

起初张荣光在贵南县草滩劳动的内容是养马，这些军马是给部队赶大车的，再冷的天也得凌晨起床，把 30 多匹马集中到一处，赶到山根儿上的溪边去饮雪山下来的泉水。公马的脾气烈，不好降服，白天走丢了要到处去找，整天都在马背上。虽然辛苦，但相比起开荒种饲料的同伴，张荣光仍旧对这段时光感到惬意。

开荒种地完全是另一回事。姑娘小伙一人一把镢头，地面以前是草甸，被土老鼠的尿液凝结，加上冻硬了，很难挖进去。一天要求开荒三分地，谁也完不成定量。人力实在难以克服，后来才换成机耕。在贵南县农场干了一两年，以后全面收缩，分场取消了，张荣光和同伴们都被调回贵德县总场，完全脱离了军马场，劳动变成搞基建修房子。

建筑的活儿苦，冬天脱砖坯冷得手疼，泥巴上冻一层冰，把冰踹掉再脱坯，一天要脱1000多块。五六斤重的一块砖坯，一摞要抱三四块，把砖坯搬到壳子里，等待烧窑。夏天干活时小咬多，咬得张荣光脸肿得老高，流黄水。一年刮300天风，带着沙尘，看太阳是昏沉沉的，不敢用水洗脸，脸手容易皴，也不洗澡。牧民用牛奶洗脸，再用炒面一敷，把脸上的灰尘搓成条揭下来，移民也没有牛奶。只有过年时有点牛羊肉，平时只是青稞。

为了相帮着活下来，张荣光经媒人介绍，跟邻村一个女孩结了婚，但没能要孩子。空气太稀薄，第一个孩子刚生下来就死了。结婚后自己脱砖坯盖房子，住着黄泥小屋，总算是摆脱了地窝子里的寒气。

到了1965年，国家实行厂矿单位精简下放政策，除了个别自愿留下的人，所有队员都统一回乡，张荣光和妻子、董云宛都回到了淅川老家，恢复了农民身份。回想起在青海的生活，张荣光只觉得“太差了，想起来都不敢想”，董云宛的说法是“让受罪去”。

回到老家，张荣光自己在丹江岸边夯土打墙，起了两间茅屋住了几年，赶上发大水冲垮了，又在山上买了大队三间房子，一直住下来，生了两儿两女。二哥因为年纪大些，在青海找不着对象，回乡之后也成了家。

回乡之后，由于丹江口水库的高坝规划改为低坝，张荣光和其他金营村的村民并没有在20世纪70年代再次辗转他乡。但到了晚年，终究赶上了南水北调移民，再次由家乡迁徙，不过这次是往东，到了许昌的平原上。

张荣光是跟着儿子迁徙过来的，没有了单独的户头。两个儿子分了家，张荣光夫妻到了老年，只能一家供养一个，因此常年分开住。妻子前年在二儿子家去世，张荣光跟着老大。老大虽然户口迁徙过来了，在移民村里也有房子，人并没有过来，依旧在淅川一家铝厂里打工，做带班师傅。儿媳是化肥厂的职工，化肥厂因为南水北调防治污染关闭了，但人仍旧在淅川，照料大儿子生活，一家人都在淅川，只有张荣光在这村里看房子。

二儿子一家迁徙了过来，但和儿媳离婚了，儿子长年在外打工，乘船出海捕鱼，一年只在休渔期回来两个月。两个孩子老大跟了母亲，10岁的老二留在村里由张荣光照看着上小学。患脑血栓外加腿脚不便的他，仍然需要给小孙子做饭，发挥余热。

他觉得新的金营村交通好，地势平坦，村中打了水泥路，住的房子也好过老家的土房，一切都和去青海不能比。但说起老家的好处，仍旧是如数家珍：水好，能吃鱼，游泳，柴火方便。地多，丹江消落带的季节性沙地随便种。搬家时张荣光“心里不舒服，一次性损失多少东西，坛坛罐罐都打碎”。七年过去，移民村的新居里仍旧处处是老家的痕迹：电视下方的两口储粮柜是老家带来的洋火箱子，吃饭用的是老家斑驳褪色的木桌，一口倒扣闲置的水缸也是从老家带来，院子里还有一堆从老家搬来的木头。和年轻时急于离乡闯荡不同，似乎只有在这些旧物的陪伴下，他才能在异乡找到安心的感觉。

金玉照搬来许昌移民村之后，在老家原本轻微的痴呆症变得严重了，常常会迷路。最长的一次迷路是跟儿子回老家做客，跟亲戚朋友一起喝酒，喝醉自己走丢了，在外面流浪了三天两夜，微信转发寻人，一个县城的人都知道他走丢了，找到时因为受冻饿，脸面都塌了下去。似乎他重复了早年在青海的出走，从一再迁徙的命运轨迹中再次“开小差”，打定主意要留在家乡。

出生地

2021 年 4 月 20 日下午，辽瓦店到堵河口一带江面笼罩在急雨中，我站在一条好不容易找来的机动船上，和韩可以一起渡过汉江，去他的老家韩家洲。

这是我第二次和他一起渡江，上次是在 2016 年 9 月初，江面除了天气没有多大变化。

岛上变化的地方却不少，从落脚的渡口开始。或许是由于江水冲刷，舔舐掉了从前的几级上岸步道，坡度变得生荒陡峭，几乎没有合适下船的地方。一望而知，这里已少有人至。

大水井完全湮灭了。上次来的时候，它还依稀留存旧观。深深的井坑底部，听得见涓滴流淌的声音，落叶沉积之下微微反光，曾是半个村子的水源。夏天用水量大，韩可以曾和别人一样提着桶，排队等水用。后来有了抽取江水的工程，水井才解除重负。水井上方有个亭子，就便架起了羊圈，一股腥臊糅合着苦艾的气味。

通往村落的道路已被浓密的青蒿封严，上次来时还依稀可辨，路上遍布村庄被拆毁时留下的瓦砾，其间有一辆永远停驶的破旧儿童玩具车。穿过青蒿和荆棘，从前的院落已荫蔽在密林中。当初这里本来是一片密林，韩家洲人都居住在江边，20世纪70年代丹江口库区第一次蓄水，韩家洲人被要求后靠，因此转移到了后坡上的地址，吃水变得不如从前方便。搬迁之后，大自然在六年中迅速收复了失地，人类曾经聚住的痕迹变成了散落的点缀，需要留心辨认。一段残垣，一个积着半坑雨水的圆形水窖，污水闪闪发亮，看下去很大很深；一个破瓮，一只棉鞋。一只木凳，已经腐烂成一堆木渣。一副失去了刻有象棋纹桌面的水泥桌支架，当年韩天鹤曾经与人在其上楚河汉界大战，一处大体保持旧观的猪圈，是回乡祭祖的移民们曾经过夜的地方。

韩天鹤的土墙老宅一无遗存，只见一片荒草，覆盖隆起的土垄，韩可以说是“像坟了”。韩正龙的三间砖房则留下一堆碎砖，当年烧制的红色已经暗淡。土墙的残迹前有一块油光发亮的扁圆青石，周身带有为潮水搬运时沙石擦出的指甲纹，半截糊上了水泥做凳子，如今弃置在地，浸染了周围的青苔。

对于自然生长的草木来说，人的离开是好事，它们自在生长，转眼之间长得很大，水井上方一株手指粗细的白蜡树变成了碗口粗，茅草过了人头，人培植的果树却凋落了。杏树李树都长了虫，韩可以回来用石灰刷过两次都没用。院子当中的一棵大杏树，曾经是人们端着饭碗纳凉聊天之地，“有许多的记忆”，如今树叶卷曲，周身瘰疬，似乎即将衰亡，树下仍旧围着一圈石礅子，只是再也无人闲坐。韩可以可惜它的凋亡，曾经把老树上结出的杏仁拿到十堰去栽，没有栽活。“人也挪死，树也挪死了。”站在老家的废墟上，他感叹。

第二次来到老院子遗址，白蜡树长到了水壶粗，覆盖院落的树林和蒿草更密，几乎难以通行，光线也难以穿透，望出去几乎不再能看见汉江江面。令人意外的是，曾经一度濒临凋亡的杏树又活了过来，伸展青葱枝叶，似乎经历了多年的辗转不适，它终于摆脱了对于人类培植的依赖，恢复了自由生长的本性。就像这片密林，终于近乎完全消灭了人类一度居住的痕迹。

对于韩家洲来说，这其实是几千年来没有过的事情。第二次登岛，因为通往院子的路途被荆棘封严，必须绕行，我们踩着羊粪经过亭子，走了另一条路。经过雨中浓密透湿的苦艾丛，到了缓坡上，黄茅覆盖之下是一片经过抢救性发掘的汉墓群，竖立着一块湖北省文物保护单位“韩家洲遗址”的牌子，日期是 2017 年 6 月。

根据考古发掘和史志资料推断，韩家洲有过悠久繁阜的历史，最早可以追溯到商周时期，一度可能是县治堵阳城所在地。这些发掘过的古墓敞露着墓穴，椁室缀结蛛网，一半已为荒草掩盖，室壁青砖存有远古棱纹，看起来是富裕平民的墓地。这些带棱纹甚至灵动花纹的汉砖，至今仍不时显露在拆成废墟的韩家洲老宅的猪圈和院落围墙上，任凭风雨剥蚀。

考古队曾在岛上发掘出诸多汉代的陶器类生活用具，包括远至商周时期的金银器和箭镞，说明这里屡经征伐。韩可以告诉我，盗墓贼时常光顾这里，刚才送我们过江的船老大曾经特意打量我们有无携带铲子洋镐之类上岛，政府给他下达过要求。在盗墓上发财的本地人不少，也有栽跟头的，其中有的是移民，回流老家后白天以打鱼为生，晚上盗墓，有一个盗窃文物数量太大，案发后判了三年徒刑。2016 年那次登岛之前不久，韩可以从人手上买到了一个韩家洲出土的稻谷种子钵。

上游隔水相望的辽瓦店码头，同样是一片考古工地，发现了从新石器时期到夏、商、周一直延续到明清的文化遗存，曾经入选 2007 年年度中国考古十大发现，眼下矗着一方“辽瓦店考古遗址”的巨石。

草坡之上有便道和车辙的痕迹，是旅游开发公司留下的。这项一度推动了的开发项目曾经引起了韩家洲移民们的愤怒。他们想不通，为何自己以保护库区水质的理由被迁走，开发公司却可以在岛上兴建招徕人流的项目。直接的导火索则是，开发公司的挖掘机利齿碰到了移民们的祖坟。

祖坟是移民搬迁中的一项大问题。祖宗没法随活人搬动，缅怀先辈的传统又无法随搬迁终结。上坟成了一件很大的麻烦事。

搬迁的第二年清明，凤凰山和黑龙口的韩家洲移民曾经组织了一次大规模的返乡祭祖。一行四五十人从随州坐长途大巴上来，携带火纸香烛，乘两条船渡江，给祖宗上坟磕头，岛上

韩家洲上的古墓地标识。

升起了难得的青烟。晚上则不顾清明的寒气露宿岛上，其中包括从十堰城区赶来的韩可以，“有给政府看的意思”。诉求则是要求祖坟跟随移民一起迁走，方便祭祀。

这看起来是件小事，却牵涉甚广。

随州移民点的本地人已经实行火葬。移民们认为本地人的身份是农业工人，而自己是农民，仍旧流行土葬，土地和棺木都成了问题。棺材有的是从老家带下去，有的是老家拉下去的木料做的。眼看储存的木料越来越少，丧事难以为继，移民们想到了老家的林地。当初搬迁之时，移民的林地并没有随耕地一起纳入征用，也就谈不上在异乡的补偿。他们返乡讨说法，政府的答复是人虽然搬了，林权仍旧在，但无法迁移。远隔千里的林地，自然也没法用来蓄积木材，以备后事，尽管人走之后，韩家洲上的林木确实日渐蓊郁，有遮蔽人迹之势。

另外是地皮。移民村没有规划的墓地，迁移坟地的诉求自然是无从落地。凤凰山移民村的旁边有片小松林，几年中死去的老人有十来位私埋在这里，其中包括韩天鹤的母亲。

母亲是搬迁下来当年的腊月去世的，此前她已在床上瘫了十年，来到凤凰山后很少开口说话，搬迁后的水土不服似乎加速了她的干枯离世。韩天鹤用红砖给母亲砌了圆形的坟墓，坟前却没有通常的纸钱香灰，以及金光闪闪的银箔，这是因为他的基督信仰，“不让烧纸搞迷信”。代替的是几束塑料花。母亲的棺材用的木料是从老家运来的。父亲的坟则在老家韩家洲，“弟弟们在上坟，母亲的坟我上”。

上过了先人们的坟，在岛上露宿那夜，移民们过夜住的地方是被拆除的猪圈和韩天鹤从前在后坡坎下挖出的洞——为了自己看书用的。挖出这个半间房子大小、可以容纳 20 来个人的洞，韩天鹤一锄一铲用了近 20 年时间。

2016 年我第一次登岛，洞大体完好，保存着近似屋子的外观，地上有以往用的碗，石壁上有煤油灯台。五年后我二上韩家洲的时候，洞像上次一样依然存在，但外室已经崩塌了一半，洞中结满蛛网。几只羊看到人来，慌张地蹿出逃离。岛民搬走之后，四面环水又草木疯长的韩家洲成为羊群放羊的天然宝地，有村民开船把羊拉来岛上，长年放养。因为是下雨天，这个洞成了羊群躲雨取暖的好地方。逗留在洞中，可以想见当年岛上人烟阜盛之时，信仰基督教的村民们夜间躲在这个洞中，借助油灯的光线崇拜祷告的情景，如今只有寂静。一片沉寂之中，洞中包含的一个小洞忽然发出呼呼噜噜的声响，接下来一头生物从地底猛然冲出，人来不及反应回避，大吃一惊，回过神才明白是一只羊，看来它躲在洞穴更深处睡眠，受到了罕至的人类侵扰。

这些羊曾经损毁了韩正雨父亲的墓，墓是土和石头垒的，长了青草容易招惹羊群。2020 年清明，韩正雨给父亲重新用砖砌了墓，镶嵌了大理石墓碑，碑文镌着“青山绿水千古秀”，拜台旁还蹲踞了两个小石狮子，成了韩家洲先人墓葬中最体面的一座。

两年之前，移民们和旅游公司的施工队发生了一场激烈冲突。一家移民的祖坟被施工损坏，先人的骨殖被挖掘机的利齿刨出，引发了移民们久已郁积的愤怒。30 多名乡亲多次上岛阻拦施工，砸烂了挖掘机和汽油桶，并且当场让施工人员下跪认错，事情闹得很大，旅游开发被迫中止，韩家洲的面貌因此一直保留到今天。

虽然祖坟得以保存，上坟依旧变得一年比一年困难。远隔千里的交通和时间成本之外，单是乘船上岛一项就日益艰难。汉江全流域十年禁渔之后，渔船已全部被收缴，移民们渡江前跟村上交涉，说是没有船，最后总算联络找到一艘船只，需要很高的收费，移民们觉得受到了损害，起码上岛烧纸是应该得到免费保障的权利。就算这样的船，也不敢保证下一年还有。

专程从千里之外的移民村回老家来上坟的举动越来越少了，多数情形是回老家时顺便，或者留在老家的后人来烧纸。迁坟下去的诉求也不了了之，另一方面，回到老家入土的人却越来越多。

水娃子即是其中一例，他受到了一个叫韩天堂的人的效仿。迁移到随州石府移民村之后，韩天堂在 2015 年查出自己得了肝癌，就跑回老家投靠女儿，准备死在家乡。他如愿以偿，埋在了堵河口加油站附近的山上，遥望汉江。

当从老家携带的棺材和木料用尽，移民村的地皮也日渐安放不下后死者，已经下葬的人在火葬的风声中也不安稳，越来越多的老人选择在大限将至之前提前回到老家，觅得落叶归根和入土为安。

金存壮的母亲在银莲湖待过几年，患上了直肠癌，病中的她思念老家，等到病情严重了，金存壮就和在老家的姐姐商量，将母亲送了回去。房子窄的姐姐在自家旁边盖了个简易棚子，将母亲安置在棚子里，寿材是现成的，去世之后就地落葬了。银莲湖移民村近年来去世的老人中，有五六个人都是这样安排的。还有的老人病重放弃抢救，出院直接拉回老家，人在半路过世，仍旧回了老家安葬。当然，更多的人还是接受了就地火葬的安排。

韩天鹤也有年纪大了回十堰居住的计划，“一定是要回去住的”。2022 年回十堰过年期间，他一再跟韩可以提起，希望在辽瓦店江边购买带菜园和墓地的当地小产权房，用于终老。和别人不同，他甚至有回韩家洲隐居的打算，提到自己挖的这个石洞，虽然塌了一半，还可以住人，只是没有水电。

看来在他的心目中，落叶归根死得其所，是一个认真的打算。也许只有这样，才算是实现了真正的回流。

黄金水道的反光

2014年的一个秋日，我走进旬阳县老城原粮食局的一幢两层仓房。

仓房在老城接近顶坡处，若无小巷遮蔽，可以俯瞰环绕而过的汉江，门上贴着“一帆风顺”的对联，挂着原交通部部长钱永昌题写的“中国汉江航运博物馆”木牌，楼道里散落着粉刷用的涂料桶，表明这里刚刚粉刷完工，还没有对外开张。楼道不透光，一片黑暗，开了灯，墙面上闪闪烁烁的码头航线标示和橱窗里各种水上文物显现出来，包括马灯、油篓、铁锚、望远镜、侧钩鱼叉、电报机、竹编纤绳、搪瓷缸，以及船上钉钉子用的手扯钻、靠岸缓冲用的靠帮球等，包罗万象，还有从虬子到鸦梢船的各类仿制标本。一层的各个房间更是满案满柜堆了没来得及整理的文物和资料，散发出灰扑扑的陈年气息。

这里收集储藏的，是一部整个汉江的航运历史。

发起人是曾经的水手刘贵棠。刘贵棠20世纪80年代被招工进入旬阳县航运公司，经历了汉江航运的落幕岁月。喜爱水上生活又热衷摄影的他拍下了大量照片，并开始搜集和汉水航运有关的一切物件，二十几年后建成了这座半民间性质的汉江航运博物馆，储存包罗万象又四下零落的汉水航运记忆碎片。

无论馆藏如何丰富，这里储存的，只能算是汉水航运黄金岁月的最后闪光了。汉水的通航史源远流长，在中国河流大多

汉江航运博物馆收藏的船上老物件：油篓、马灯、斗笠和草鞋。

呈东西走向的背景下，它从中游丹江口到汉口大体呈南北流向，成为历代南北漕运的天然水道。西周昭王南征楚蛮死于汉水之上，史载其大量征发民船搭建浮桥，可见当时汉水下游一带已有渡口和专业的船民。《尚书·禹贡》记载从梁州到中原的贡道是“浮于潜，逾于沔，入于渭，乱于河”，即从四川盆地出发，溯嘉陵江而上，转入汉江水道东下，再翻越秦岭进入渭河，顺流再次东下，抵达中原。战国后期楚国铭文记载，楚怀王为商人鄂君启节颁布船运免税通行证，可以在汉水及其支流唐白河航行，并且上达十堰郧县和陕西旬阳的汉江上游。可见当时汉水中下游商业航运已大行其道。

汉唐时期，西安和洛阳先后成为两大都邑，南方的物资需要大宗北运，汉水的重要作用开始显现出来。《史记·河渠书》记载，汉武帝时期有大臣建议开凿褒斜道漕运，由渭水溯斜水至秦岭北麓，翻越秦岭后沿褒水而下至汉江，南方物资由长江入汉水，由汉水至汉中，沿褒斜道漕运至长安，中间仅需以车辆转运百里路程。东汉迁都洛阳后，南方贡赋船队沿湘水而下入长江，再溯汉水而上至襄阳，经汉水支流唐白河达河南南阳以北，再翻越方城山，由驿路转运至洛阳，形成“南船北马”的水陆联运路线，襄阳从此成为南北漕运中心，汉江则为动脉。

三国时代，司马懿从南阳远征汉中，数万人水陆并进行至西城县（今安康），试图“由西城溯汉水”，因大雨连下一个月而作罢。诸葛亮身亡后，蜀国大臣蒋琬也曾提出水师由汉中出发，顺流东下袭取安康、郧县以至襄阳的设想，因担心战败难以退兵而作罢。这说明当时汉江的上游已可以航行大规模船队。

即使是在隋唐开凿京杭大运河之后，汉江漕运的地位并未下降，原因是东西两京都靠近汉水上游，南方物资经由汉水—丹江、汉水—唐白河或者早先的汉水—褒斜道都可便捷转运至京师，汉江漕运线因此在《新唐书》中被称作“襄汉贡道”。尤其对于长安来说，东线经大运河—黄河的漕运路线受阻于潼关之险，不如襄汉贡道便利。安史之乱中东线大运河被叛军阻断，汉水漕运更是成为帝国生命线，从此一直到南宋末期，汉水漕运都处于鼎盛期，大宗物资是南方北运的粮食、茶叶和北方南运的盐、明矾，由此也带来了沿线的繁华。襄阳、南阳一线历代名士辈出，人文发达，诸葛亮、习凿齿、孟浩然、米芾都是此中俊杰，跟汉水在航运上的地位密不可分。

直到南宋末年决江汉湖泊之水以为水柜抗元，江汉一带方圆300里尽成泽国，漕运河道湮没。加之元明清建都在南北两京，漕运主要通过大运河，汉江漕运失去了转输京师的地位。但“南船北马”的作用并未消失，仍是地区性的水运要道。这种地位一直持续到近现代，一直到丹江口建坝之前，虽然受到铁路和公路运输日渐发达的影响，汉江上仍不改千帆竞发、火轮与帆船交错的盛况，岸边则是纤夫如弓弦列阵的身姿和迤逦回荡的船工号子，沿途大小码头的水面被林立风帆遮掩了大半，在修建襄渝线需要大量物资的刺激下，汉江航运更是达到了高潮。

1973年，丹江口水坝一期工程完工，没有设计船闸，只能通过升船机翻坝，极大程度地阻隔了上下游水运，以后上下游又开始梯级建坝，航道节节分割。加之铁路襄渝线建成通车，分流了沿线的运输需求，汉江航运的黄金岁月倏然迎来了它的落幕，从此陷入近半个世纪的沉默。

汉江航运博物馆里的码头、绞滩站示意图。

近年来，出于国防需求和利用梯级电站库区通航的考虑，国家交通部门重提了“黄金水道”概念，对于汉江下游和中上游分别编制了1000吨级别以上的“高等级航道”和500吨级航道的规划。但由于多座水坝上没有船闸，升船机长年闲置，以及水坝发电带来的水流猛增猛减影响，船只通航艰难，重现“黄金水道”至今仍然停留在纸上，只有一些初期的拓展。

世代依托汉江水运为生的人们，生活形态也发生了巨大的变化。纤夫、水手、太公（船长、驾长）、航标员、绞滩站员、渡口艄公，以至依托汉江而兴盛的沿途商埠船帮、商户、居民，都不得不经历世事代谢，几度沉浮之下，最终告别这条哺养了千百代人丁的河流。汉江航运博物馆的墙上悬挂了几十位往日老船长的黑白照片，他们的记忆和心灵，仍旧和逝去的船工号子一起，随奔流的江水激荡回旋，在幽深寂静的走廊里似乎清晰可闻。

纤夫

“拉纤，是上滩的一碗饭。”

2016年秋天熏然的阳光下，随州万福店凤凰山移民新村一排空荡的房屋前，83岁的韩正龙眯起眼睛回忆。他像还在船上那样敞着胸膛，领受一生中剩余的阳光。胸膛的古铜色和脚踝的风湿，都是长年的纤夫水手生涯带来的。当然，承力最重的部位是肩背，那上面不知负载过了多少纤绳的重量。

“在黄滩，水太大，船陡然打横了，我赶紧把搭包子[1]脱手一

1 搭包子，纤夫垫在肩头用于拉纤的挽具。

扔，一个趔趄，船就下滩了，射箭一样冲出去老远……”

这只是韩正龙经历的无数险情中的一次，在我遇到的众多纤夫中也不算特别。船上不了滩，在激浪冲击下打横掉头时，如果纤夫不在瞬间撒开纤绳，会被巨大的力量扯落险滩，九死一生。汉中洋县渭门村的楚勇至今记得，当纤夫的父亲有次拉纤回家后，背上有肿起的瘀伤，询问之下得知父亲拉的船打横了，父亲没来得及甩脱搭包子，人被纤绳带过去摔在石头上，肩背受伤了，还好没有摔下河。就在本世纪之初，子午河上有个船主请人拉纤，一共三个人，遇到急水船上不去，打横了，拉纤的人有个掉在河里，不会水性淹死了，赔了2000多块钱。

从20几岁起，韩正龙就长年“趴在河坝里”，下水（船往下走）是水手，在船上摇橹撑篙；上水是纤夫，在岸上拉纤。从十堰往上走到安康，往下一直走到武汉，返程一路拉上去。在一些险滩地带，也有专事在岸上拉船的纤夫。

和一般的想象不同，纤绳是竹篾编制的，缸子粗，比起缆绳更牢实，行话叫作纤担。一根纤绳要四五根竹篾缠裹编织，一艘船有两条纤绳，长度能到30丈，差不多半里路，用一条小船专门装载和布设，大船还会在两岸同时设人拉纤。

竹篾很硌人，肩膀无法承受，因此需要搭包子。搭包子是用一长匹布，两头卷在纤绳上，层层缠裹，搭在肩背上。遇到水急上不了滩，船打横了，“要灵醒”，赶忙把搭包子解脱扔掉，以免被巨大的张力拉下去，这就是韩正龙经历的生死关头。

拉纤处在最后的一个人最危险，需要机灵。拉纤的路线沿河岸走，江中险滩往往伴随两岸的陡坡峭壁，拉纤被扯下悬崖摔死的人很多。这也是纤绳如许之长的原因，纤夫需要尽量寻找合适的落脚地。但江流曲折，纤绳拖得长了，就会遇到要过坎拐弯的地方，会挂在石棱上。为了防止纤绳在锋利的石棱上勒断，需要人把纤绳往起抬，前面的纤夫使力不能动，最后一人要去扛起纤绳。虽然如此，紧绷的纤绳仍会紧紧勒住石棱，千百年下来，汉江好几处陡岸的石坎上留下了纤绳深深的石槽，深度超过成年人的手掌横切下去，称作“纤夫石”，可以想见纤夫的肩上担负了怎样巨大的张力。根据安康船队老船长讲述，其中最明显的一处在安康东站附近汉江北岸，深度逾尺，至今历历可见。

有时纤绳会挂在树枝上，也需要人往下扛，得冒着危险爬树。因此在逢年过节杀鸡宴请纤夫时，鸡腿专门留给在最后位置拉纤的人吃，答谢他多出的力和冒的风险。排头拉纤的人同样危险，由于要把富余的纤索担在肩上，吃了更多的压力，往往在危险发生时来不及摔掉搭包子。旬阳县航运社的船工喻世山是排纤兼喊号子的，1962 年某天船行至棕溪耍滩时，船在江中打横，所有纤夫都摔掉了搭包子，而喻世山肩上担了几十斤重的竹纤，来不及甩脱，被掉头后退的船拖下悬崖摔成重伤，同样在船上当水手的弟弟用小划子将他运往蜀河卫生院急救，终究因为脑部受创过重而死亡。

纤夫和船工出事死亡的风险高，身后事经常引发家属和船主之间的纠纷，历代下来汉水上形成了惯例，由船主给予一定的丧葬费用。旬阳县蜀河口杨泗爷庙（船帮会馆）内一通光绪八年（1882）的碑刻，记载了当时的行规。碑刻题为《杨泗庙船行公议水手遇难善后章程》，高 105 厘米，圆首龙文，章程由船行议事人商定，经旬阳县知事照准，具有乡规民约的法律效力。碑文开篇称“缘船户一业，以水为田”，说明跑船和种田一样都是生计，纤夫水手失事则由于“人生寿数有定，或因走风滑水，或失足落河，并有岩碥拌跌以及病故”，比较具体地列举了拉纤和跑船出事的各种可能，以下则陈述当时汉中至襄樊一带船帮向有惯例，“溺毙水手一名，船主给斋醮钱数串，火纸两块，白布二匹，已立案勒石”，唯独旬阳县不通行，引发种种争端，譬如“入船混闹、拦阻客货、诬控船主”等，因此特意在六月初六水神杨泗生日庙会上议定章程，规定船只若遇水手纤夫遇难，一面捞救三日，一面给予家属斋醮钱 12 串、火纸二块。捞出尸身的外送白布两匹裹殓，无需购买棺木和另行抚恤等。这通碑文侧面说明了当时纤夫水手出事丧生的频繁，以及吃水上饭人命的微贱。

风险之外，拉纤自然是辛苦活。“六月间扑在河里，汗把眼睛都遮住了，”韩正龙回忆。陕西白河县一位老纤夫韩勇胜描述，“眼睛角都憋得多大”。天气热的时候，纤夫不穿外衣，一个裤头，肩上搭包子，人晒得黑红，俗话称“黑肘子黑腿，不是拉船的就是老鬼”。下雨天也要拉，除非大雨江里涨水才停，下雪天也要拉，拉得人浑身冒热气像蒸笼。冬天船搁浅了，人要下水去背，衣裤脱完，水齐胸口。收纤放纤时人需要下水，冬天江水冰冷沁骨。拉纤脚下路面坎坷不平，好鞋子经不起，穿的是稻草鞋，年轻时在汉江上游黄金峡拉纤的李先科回忆，有次“三天穿烂了六双鞋”。74 岁的他，肩上仍可看出纤绳勒出的陈年疤痕。

为了防止有人偷懒，纤绳的搭包子有个类似抖空竹的设计，每个人只有用力绷紧，搭包子的挽扣才能扣紧纤绳，稍有偷懒挽扣就松脱了，同伴看得明明白白。这种设计同时也便于出危险时松开纤绳，防止纤夫被拉下水。汉江航运博物馆成立后多方搜罗，也没有找到这种铜质的搭扣，但它却是关键。

据李先科等人讲述，这种搭扣就是麻钱，插在搭包子打的死结之中，越使劲卡得越紧，一松劲铜钱掉了，搭包子和纤绳也就脱离了。

在韩正龙的口中，拉纤也叫“扑滩”，要往前扑下去，使狠劲。为此要有人喊“扑号”，一喊就一齐扑下去，船才拉得动。30 吨以上的大船设专人喊号，不用参与拉纤，监督纤夫出力，喊号的人也负责观察船的动静，一旦船打横掉头立刻发出警示。

朱汉春是汉江中游旬阳县航运社的老船工，也是“汉江号子”省级非物质文化遗产继承人，他的父亲当年是专职喊号子的能手，远近闻名。2014 年夏天，我在旬阳县老城山坡上的一个小卖部见到了他，回想起从小跟着父亲在船上厮混，目睹父亲喊号子的神气十足，朱汉春密布皱纹的脸上也现出了几分光彩，“伞一打，眼镜一戴，看谁不动就责怪”。即使是驾长太公，如果掌舵的路线不对，也会挨喊号子的父亲骂。

当时航运社有几把喊号子的能手，叫作号头，第一把号子是从武汉逃荒上来的人，在武汉时就在船帮专职喊号子，姓赵，排行老幺，众人尊称幺爷，镶着一口大金牙，20 世纪 70 年代去世。此外还有霍三爷，再下来就是朱汉春的父亲，也是几百个里挑一的能人。

号头喊的号子大致分为上水和下水，和纤夫水手应和，还要区分倒档、上档、跑挽、扬帆、扯锚各种场合。上水拉纤的号子高亢急骤，“呦——嘀——呀”号头唱到“呀”这一声，纤夫也跟着“呀”地发力应和，同时使猛劲往前扑，船就上移一步。下来再是“呦——喝”，一声声地往上提拉，尾音很长，替纤夫把气提上来，再“呀”的一声使出去，这样一次次重复，纤夫听着号子，发力收力才能统一，号子乱了，船就要打横了。

下水号子多半是为了显示，譬如经过码头河街，水手边摇橹边吆喝几声，示意船队经过，号子节奏悠长，和舒缓的摇橹动作配合，“摇——吆——喝——吔——喝——嗨——”，显得悠闲自在。江边如果有年轻妇女洗衣服，被引得抬头看一两眼，还会逗出水手带调情性的歌词，即兴发挥。朱汉春上过三年学，自小爱好花鼓子，他同时也是花鼓子的非遗传承人，在船上时会把汉江号子和花鼓子结合，譬如下面这段：

吆——喝——吔——

小小那个鲤鱼红了腮

（摇橹的人齐应：喝——嗨）

上江那个跳到下江来

上江吃的是灵芝草——哟——嗬

下江吃的是苦芹菜——吆——喂——

灵芝草那个苦芹菜

不爱玩耍我不来——喝——嗨

……

如果引得洗衣女脸一红，骂上两句，船工也就得了乐趣。

汉江上最小的船叫梭子船，也称三匹瓦，装三吨，在平水只需一个人拉纤。到了上水，三四条船合在一起，三个纤夫加上两条船上的太公（驾长）一起拉纤，只用余下的一个太公在船上掌舵。家住黄金峡的楚勇就拉过这样的船，从渭门镇拉纤到一百多里地上游的洋县，全程要六天。一条汉水上游常见的鸦梢船，船员最少要七个人，五个人拉纤，过滩时三四个船并在一起，要十几到二十几个纤夫，几条过滩的船等到一起，水手彼此相帮，轮流拉各家的船上滩，叫作船帮。

最大的鸦梢船重达三四十吨，过滩需要四条船上的水手合力，一天拉一个滩。如果水手合起来还是拉不动船，就要在附近找人帮忙，叫作添纤，要换粗纤绳，三四十个人一齐拉。有顺风时可以兼用布帆助力，风小就全靠拉纤。

和长江中下游其他水流平缓的江河不同，汉江水浅滩多，即使是机动的轮船，也配备有竹编或者绳编的纤索，过滩时机器马力不够，船员和客轮上的乘客会临时下船拉纤助力。吕福成是安康轮驳船队的老船长，他在做水手跑货时，船上一共七名船员，遇到上不去的险滩，他要和二副、水手、炊事员、加油员一起上岸拉纤，也要用搭包子，有时也空手拽。现年 70 岁的陈明玉和吕福成同时参加工作，分配在客船上，20 世纪 70 年代跑从白河县到安康的航线，卖散客客票。途中有几个险滩，过滩时客轮上的旅客全部下船，船上只留船长、轮机员和招呼拉纤的三个人，陈明玉也跟着下船，把纤索放到河边，跟几十名旅客一起拉纤，人数不够还在附近找人添纤，四毛钱一位，人机合力拉船上滩。船上了滩，乘客们和陈明玉一起回到船上，由刚才的临时纤夫回归为旅客和售票员，众人习以为常。

一位叫王孝权的旬阳市民的回忆，可从乘客角度与陈明玉互证。王孝权曾在 1988 年搭乘过“跃进”号客运班船，船行至石泉县境内的二郎滩，因水流太浅，船无法上滩，船上的一二十位乘客都下了船，客串起了纤夫，合力拉船上行，王孝权也出了一把力。好在人机合力，不是太累，比之真正的木船纤夫自然只算客串。

汉水上游的险滩众多，黄金峡是其中之最，北魏郦道元《水经注》中既引《汉中记》记载称“峻崿百重，绝壁万寻”，峡深水急，汉水在这段绕了个大弯，流经洋县、西乡、石泉三县，切开秦岭余脉，是险滩最多的地方，不到 30 公里就有 24 处险滩，古人有诗称：“九十余里黄金峡，二十四处白雪滩。”黄金峡本地的水手们讲述，上行的船到了这里，纤头（领头拉纤的）要换成本地人，才知道滩中哪里有大石头，如何引导规避。拉纤的最好也再请两个本地人，和外地人一起配合拉。在一处河口，纤绳把山上的石头勒出了深壕，这里也要请本地人把纤绳抬过去，外地人立足不稳、力道不均容易摔跌。

对于外地的纤夫来说，黄金峡的滩头是一场噩梦。一条滩拉出头，到了刚搭上口子要上滩的地方最危险，里面的水平，外面的水急，阻力最大，必须使狠劲扯上去，不然不仅前功尽弃，还可能船毁人亡。1986 年，楚勇开商店去武汉汉正街进小百货，遇到一个 80 来岁的老摊主，一说自己是黄金峡的，老头儿眼睛放光，连说：“我年轻时差点死在那儿。”老头儿年轻时是水手，抗战时候拉船上汉中，一路走都不怕，在黄金峡过滩时船翻了，他落了水被当地人救起来，眼看着大船没了，一直到晚年，提到拉纤都后怕。

在汉江最危险的几处险滩，曾经出现过机械绞船设施。汉江航运博物馆展厅的航路示意图上，起伏闪烁的小灯标出了兰滩、观音滩、蜀河红龙滩三处绞滩站。《陕西航运史》记载三处设施建造于20世纪70年代，起源于三线建设需求，最初的原理是在上游建立庞大的水轮，缠裹缆绳，利用水力冲击转动水轮，反方向拉紧缆绳，带动船舶上滩。1975年之后交付地方航道队，对上滩船舶按每吨0.3元收费，1979年设置卷扬机，以柴油机牵引船只上滩。绞滩站在汉水上存在了20余年，却在纤夫和船工记忆中缺乏存在感，几乎没有人提到曾经使用过，有的老船工认为绞滩站是用来把船只提升上岸进行修理的。但在跑公家客轮的陈明玉记忆中，倒是每次都会用到，打招呼之后，绞滩站放小划子运一捆钢丝绳下来，在船头挂好，开动柴油机绞船上滩，过程有一定的危险，譬如钢丝绳绷断。上滩之后，解脱钢丝绳之时，要特别小心，避免钢丝绳落下来缠上螺旋桨。根据陈明玉回忆，不论客运货运，还是轮船木船，绞滩站都是免费的，这又和上文的航运史志明文记载不合，大约公私有别。

当时流传下来一首描述绞滩站职工生活的打油诗，从侧面反映了绞滩站业务的冷清："爹妈二人心放安，儿在汉江干绞滩，每月挣钱三十三，除了伙食无烟钱。"进入20世纪90年代，红龙滩和兰滩绞滩站先后撤销。

机动木船还有一种自我绞滩的办法。安康航运队老船长吕福成讲述，他开始跑船的时候，船上携带钢索，船头有个绞盘，遇到险滩不能上水，船上派人携带钢索，到岸边寻找大树或者其他牢靠的岩石，把钢丝绳绑上，船工用绞盘人力往上绞，配合机器动力可以上滩。对于纯粹的非机动木船，这样做则超出了人力极限，只能依靠岸上纤夫。

20世纪70年代后期，机动（木、铁）船开始在汉江上普及，最初是机帆船，后来则拆除船桅成为纯粹的机动船，纤夫的身影渐次从汉江两岸消退。但汉江上游是乱石河底，多浅流险滩地带，机动船螺旋桨吃水深上不去，要靠适应能力强的非机动木船转运。因此，汉江上游以及各支流的民间船只大部分仍然是人力拉纤的木船，譬如在黄金峡，拉纤一直延伸到 20 世纪 90 年代。作为汉江上中游最后一代纤夫，韩正龙和韩朝勇、李先科都经历了曲折的命运。

“我是个造孽人”，韩正龙说，他年纪尚幼时父亲就去世了，母亲又是个瞎子，“我连个住处都没有”，只好在水上混。好容易长大成人，自己盖了两间草房，从前订的媳妇又不跟他了，总算另娶到了媳妇，辛苦拉扯大五个儿子，也自小跟着他水上打漂。40 岁以后，几个儿子渐渐长大，买了自家的船，韩正龙当了船长，渐渐告别拉纤生涯，直到晚年又碰上南水北调移民，在远离汉水的地方度过暮年。

走惯了颠簸的船头舱底，到了平地反而两脚打闪，多年积累的下肢静脉曲张开始现形，端午节去打艾蒿，碰到一个石头摔倒，两腿都受伤了，捆了两三年的布，这两天才解开，脚背上还留着缠布的白印，只能坐在马扎上打发时光。

李先科在货运衰落后跑过一年多客轮，船烂了之后被迫告别水上生活，在渭门村上经营一家小旅馆，生意清淡，聊以维生。

朱汉春 1998 年从半倒闭状态的航运社退休，没有积蓄，自己办个小商店卖鞭炮为生，后来又赶上国家限禁烟花爆竹。好在他在船上喊号子和唱花鼓中积累了特长，拉起了一拨人，在红白喜事上吹唢呐打响器，靠此维生，但心里从来没忘记船上的生活和汉江号子。晚年的时候赶上国家扶持非物质文化遗产，他的私人爱好总算有了个名头，有人找他录拉纤的节目，喊汉江号子，但离开了当时的环境，“总觉得不是那个味儿”。

朱汉春的小卖部周边地势陡峭，破敝的民居像是挂在坡地上，很多已经搬空，让位给荒草灌木。小卖部仅可容身，生意冷落，坐在小马扎上的朱汉春裸露两腿，凸起像蚯蚓一样蜿蜒的青筋，和韩正龙一样，这双船工的腿没有逃过静脉曲张的宿命。请他喊两句汉江号子，他清了清嗓子，终究还是没能喊出来。山下的汉江依然流过，但已经失去了当初的流速，成为下游蜀河水库的水尾，江上也没有号声帆影。他心里的声音，在江面上已经永久逝去了。

水手、拦头、太公

纤夫在船上的一面就是水手，1949 年以后叫作船工。

水手不是一份光鲜的职业，尤其对于成家娶亲来说。汉江上流传一段谚语：

> 妇女不嫁驾船郎，朝朝日日守空房。
> 有朝一日回家转，抱了一抱烂衣裳。

在大集体年代，当水手和在岸上种地，都是生产队的安排，韩正龙在船上干一天，和在岸上种一天地拿同样的 10 个工分。四季拉纤的辛苦不必说，冬天水浅船底搁浅卧滩，还要赤脚跳下刺骨的江水把船扛起来，和元宵晚会上表演的玩船一个样。

拉纤的风险之外，遇到下水撞礁、上水打横头，船翻了，滩陡浪急之下，水手也不一定保得住性命。1985年前后，楚勇和另两个人合伙承包了生产队的一条船，装运木柴往下游石泉县境销售，一个人在后梢掌舵，楚勇和另一人在前舱划桨，船在四浪滩触上暗礁，船底被打穿了，水往里涌，楚勇和同伴连忙拿睡觉的被子堵住缺口，紧急靠岸，算是躲过了一劫。

但在渭门村，大家仍然抢着去当水手，生产队一共有三条船，上船干活要排队轮换。原因是沿途有风光，不像种地沉闷，六天时间到了洋县县城，又可以玩上三天，一样计工分，还给五毛到一块钱的补助。

船上的油水开得足，吃得好，为的是有力气拉纤摇橹。走长水的船，行程更显得自在，“走到哪里黑，就在哪里歇”。白河县的老船工韩勇胜回忆，“文革”前为公家船当水手，往下游到了丹江口，先上岸去各家单位“拜码头”，到航管所登记，等待公家派货、调配，档期可能要等上几天到半个月，卸货装货是码头搬运队的事，水手就是吃了睡，睡了玩。白天上岸去市里逛街、坐茶馆听戏看演出，晚上回船住宿。如果是在1949年底以前，还有窑子可逛，消除单身在外的苦闷。

朱汉春记得一句形容水手的顺口溜，“过悬崖像猴子，上险滩像狗子，上街了像公子”，指的就是他们在出力和休闲时的不同情态。在外时间长，行为自由，难免滋生出一些露水情缘，尤其是有钱有身份的船长船东，汉江上也流传着大船东下汉口交了情人，最后落得人财败亡的故事。

和木船上的水手相比，机动船上的船员免去了大部分的拉纤之苦，只需偶尔下水牵引船只泊岸，和招呼码头工人装卸，职业显得更为轻省自在。1986 年 3 月 7 日，22 岁的刘贵棠招考进航运公司几个月后，迎来了水手生涯中第一次远程航行。船从白河出发，下丹江口转运货物。

他在日记中写道："早上，江面上雾蒙蒙的，白河山城好像是笼罩着月白色的白纱，这是多么秀丽的风光呀。这是大自然之美。我赶忙对好镜头，按下快门，把这自然之美风光之美摄入镜头。"

刘贵棠喜欢摄影，也爱在安静时看书，水手正是他心目中理想的工作。这一次下丹江，沿途经历都详细记载在他不带格子的记事本上。

第二天十点，船在丹江码头靠岸。刘贵棠记载了他和另外几位船工师傅一起，下船去逛丹江街。丹江街市面繁华，姑娘的打扮时髦得体，比上游的白河新潮，引发他关于外表和内心之美的一番感慨思考。接下来的几天，船舶都在等待装货，刘贵棠和伙伴们有足够的时间逛街、喝酒，当然还有他喜欢的在船上看书、摄影。3 月 11 日他们再一次上岸逛街，去了丹江口市最大的五金商场公司，日记记载"这里洋溢着录音机发出的动听入耳的歌曲，还有舞曲，还有轻音乐……立体的音乐立体的五金构图把我带进了一个童话般的皇宫里，多美妙呀……"3 月 12 日船舶开始装货，货物是丹江口市产的姜酱醋，也捎上了航运队自己要的米。起航回程时正是傍晚时分，刘贵棠又拍下了很多照片。他在日记里记载："江面上的夕阳太迷人了，以致我无法形容。"

回程用的时间更长，降雨后雾气给航行带来了困难，有几次因为找不到航线而被迫抛锚。回到白河境内，要在一个叫棕溪的码头下货，这个码头令人头疼，“尽是乱石头，而且水浅，河风又大”，船难以靠岸。早春天气的江水还很冷，水手们不得不下河干活，帮助船靠岸停泊。几天之后，货船才返回了白河码头。

这年八月下旬，刘贵棠经历了更远的一次航行，从更上游的旬阳县下行到武汉附近的仙桃，装运农副产品。这次航行需要翻越丹江口大坝，刘贵棠记载“丹江大坝是湖北有名的库区风景区，坝上的风景非常美，我在过坝时拍了照”，事后在船舶从丹江街口起航时，刘贵棠还“就丹江坝上坝下的风景，风土人情在思考着”。

过坝之后，船舶在襄樊水域的太平店搁浅，用了两个小时自己浮起来，晚上航行到宜城休息。到达仙桃后，货船照例停泊了几天等待装货，喜欢运动的刘贵棠每天清晨上岸在江堤上跑步，还结识了一位晚上在江边吹口琴的青年小吴，第二天小吴来船上玩，两人一起上岸去看电影《喋血黑谷》。这次船只运载的主要货物是粮食，装船时遇到暴雨，事后不得不“倒仓”，这项工作需要水手自己来做，就是把打湿了的粮食倒进干燥的袋子里，“比较辛苦”。

远航的机会难得，公家货物之外，刘贵棠还和同事们一起在市场买了坛子、水缸、搪瓷杯，包括一个给自家小孩用的自行车座。船在仙桃停靠了一周多才启程回航，回到白河已是九月中旬。整体航程中除了突发情形引发的辛苦，总体来说还是轻松和令人愉悦的，成了他以后眷恋水上生涯的起头。

但自在的另一面必然有辛苦，修螺旋桨就是机动船上水手的鬼门关。过浅滩时螺旋桨容易被砂石打坏，需要船员下水更换。不论木船铁船，螺旋桨安装的位置都在船尾一个稍微凹进去的空间里，需要在船前端压上石头，让尾部微微翘起，和水面之间形成一个狭小的换气空间。根据水手陈明玉回忆，空间小到不能露出整个头部，只能把鼻孔露出来呼吸。水手游泳钻进去，仰脸露出鼻孔，就在这个空间里更换重达七八十斤的螺旋桨，将螺旋桨后部一个带销子的螺丝拧掉，船上的人通过垂直通道把坏了的螺旋桨吊上去，再吊下好的螺旋桨由水手安装好，整个过程费时半小时左右。"很不好弄"。尤其遇上冬天，下水前要喝白酒，下水之后一个人待不了很久，要两名水手轮流下去换，"人感觉要冻僵了"。上船之后要赶紧钻进热气腾腾的轮机舱，赤身用发动机循环冷却的热水往身上浇，洗个热水澡，人才能缓过来。船工吕福成回忆，有时一天螺旋桨要打坏好几次，船工也就需要下水好几回，来来回回喝酒洗澡，仗着年轻扛住。

有一次在冷水滩，绞滩站钢丝绳缠住了螺旋桨，陈明玉和另一个人下去轮流斩钢丝，用锤子砸，用了一个多小时才砸断。那时正是阳历三月份，水很冷。这些经历使陈明玉的身体落下了寒气，老年时常关节痛。

汉江最小的三匹瓦木船上有两三个水手，到了载货 10 吨左右的船，有五到六个船员。一个好的船员，不会只满足于做纤夫和水手。在岸上，要争取当纤头和号爷；在船上，则是拦头和太公。

拦头的人不事摇橹，手执木棹站在船头，需要脚下站得稳，手上有力气，眼疾手快。棹又粗又长像大炮筒子，遇到搁浅转拐，或有撞上大石头的危险，都要赶紧来上一棹。船工喻世林的儿子喻培鸿回忆有次跟随父亲乘船，顺水放舟从旬阳回蜀河行经狗窝子滩，太公事先一声吆喝，水手们冲向大炮筒一般长长的棹，个个双手环抱棹把。汉江在这里急拐弯，船像箭一样冲向岸边，听得拦头的一声吆喝，水手们双手齐刷刷高高举起，将棹插入浪中，奋力连扳几下，使船头改变方向，避开了岸礁冲下，“吓得我蹲在舱里大气不敢出”。

黄金峡有一处险滩叫沈滩子，岸边一块冲水石，正对着拐弯的激流，枯水期露出江面，涨水时就淹了。每次过船，拦头的需要一篙使劲扎在这块石头上，借助后舱太公的转舵，船才能转过弯来。长年累月下来，石头被竹篙扎出了一个眼，不管水涨水退，拦头的凭感觉一篙正好扎在这个眼里，越扎越深。这也就是大船到了黄金峡要请本地拦头的原因。

机动船上也有类似拦头的角色，叫作测量员，手持一根有刻度的竹篙，用来探测水流深浅，辅助太公选择航道，停船靠岸或者离岸出发时也可以往驳岸来上一篙。刘贵棠当年在船上担任的就是这个角色。

拦头的人危险很大。年过 80 岁的楚建忠年轻时有一次给别人驾船，在船头拿着竹篙当拦头，一篙撑得近了，船开得又急，篙被别到船舷下边，巨大的反弹力把楚建忠摔了出去，落到涡流之中。楚建忠不大会水，所幸涡流把他旋到岸边，算是躲过一劫，直到暮年想起来仍然后怕。

韩勇胜开始当船工的时候，跑的是自家的小船，他和二哥三哥是水手纤夫，大哥和父亲分别在船头船尾，一个是拦头，一个掌舵当太公。韩勇胜后来也当上了拦头，父亲在 70 岁那年退休后，他又当上了太公。

太公是全船安危所系，一船之长，靠一副舵把握航向。木船的船舵不同于影视上时常看到的圆形方向盘，位置在船尾，由一根舵把联结水下的舵身操作。汉江航运博物馆里保存着一支鸦梢大船的船舵，有几十厘米宽，两三米长，头大尾小，像一幅庞大的扇面。根据造船老工人的讲述，大船的船舵能达到一丈多长。太公利用杠杆原理扳动舵把，舵身就在水下来回摆动，控制船的航向。扳舵有时要费很大的劲道，与冲激的水流抗衡，有时甚至会把舵把扳断，人被别下船去，黄金峡的老太公姜启顺就遭遇过如此惊魂一幕。即使是机动船的方向盘式舵把，也是借助拉长了的杠杆效应，有时需要连转上十几圈，非常费力气，在液压装置发明之前，有时需要两个人一起使劲，才能转动舵盘。

力道的轻重，手法的精确，反应的快慢，决定了一条木船的生死，因此舵手才有资格被尊称为太公，“太”即是大，极言其地位尊崇。民国年间，汉江上最大的 10 万斤重的木船，太公驾船从旬阳蜀河下一趟汉口，来回的报酬是 2000 块大洋。当然太公的责任也大，如果船沉货没了，他要包赔船老板和货主的损失。很多大船的太公本身就是船东，但也有专业聘请的太公。

太公首要的是熟悉航道，带领船只避开浅滩。“水翻的花有好大，是快是慢，水有多深船能过，都要靠记忆。”韩勇胜说。江水变化无常，石头时隐时现，在没有航标的岁月，航道区分为老泓和沙泓，老泓是主干道，水小时走老泓，水太大时才走沙泓，水浅时走沙泓就会搁浅。精通水道的太公，熟悉老泓沙泓的深浅变动，能够指导航道队修理航道。陕南航道队的老职工何显明有一次随工程队到蓝滩耙泓，请了安康一个有名的焦太公来指导，歇气抽烟时何显明有意向他请教，焦太公说从汉中洋县黄金峡到汉口，汉江上有多少个滩，各自水有多深，哪里有暗礁石头，他心里都一清二楚，“驾船的人装的是一肚子石头”。不过滩时太公悠闲，不过是抽大烟睡觉，心里却要一清二楚，过滩时逗得了硬，不能有一丝含糊。

相比于行船搁浅，撞石沉船是更致命的事。洋县黄金峡四浪滩江心有四块礁石，把江流切割成S形航道，外地太公根本没办法避开，只能换本地的。有一位黄金峡本地的太公，名叫史洪贤，家住在代阳滩背上，他只负责驾船放这一条滩，也只有由他驾船来通过代阳滩才安全，因此在水库修建之前，他一直都不曾失业。

汉江中上游多险滩急水，晴日清流急湍，枯水期水位清浅，光线下布沙底，叫作“晒滩水”；涨水时则满江洪水。《水经注》即载堵河口至郧县间有“涝滩、净滩”，“行旅苦之”，并有“冬涝夏净，断官使命”之说，意思是容易人财覆亡，引发官司。据《陕西航运史》和《旬阳水运》记载，民国年间汉中南郑至安康有72道滩、82道钻子。所谓钻子，即中流突出之连山石咀，或中流暗礁，水小时即呈现为星罗棋布的明礁。安康至白河段有险滩56处，平均2.78公里河道就有一处，有蓝滩、耍滩、狗窝子、溅子等名目，地质类型则有溪口滩、崩岩滩、卵石滩、基岩滩等，各具险阻。清代学者、曾任陕西按察使的王昶在陕南任职期间，曾经泛舟巡视汉江，他留下的诗句历历记载了当时白河县境内汉江水道的艰险和挽纤的辛苦：

津吏忽来言，浊流涨清汉。缘溪数尺高，洄流疾如箭。

我时仍发船，滩滩闻濆漩。逆上次蓝滩，悬涡益飚悍。殷空雷霆驱，触石冰雪溅。远疑鹭鸥翔，近逼蛟蜃战。长年尽呼啸，小史剧奥眩。出险乃斯须，安危竟一线。我生骛远游，所适骇闻见。清浪暨江门，性命会梦幻。独怜挽船郎，百丈累鱼贯……（王昶《自白河至蓝滩》，载嘉庆版《续兴安府志》卷六《艺文志》）

即使襄阳以下的汉江中游，也是水流湍急，滩礁密布，枯水期为船只之大患，著名者即有凤凰滩、叫驴滩、格垒咀、剑口滩等处，行船容易搁浅倾覆，上滩需要将货物提驳，过滩再装船，船工称为“神沙”“神石”，以示敬畏。紧邻襄阳的崔家营下游，江心有一处险礁叫作“将军石”，如同瞿塘峡口的滟滪堆，古往今来不知撞沉了多少大船，夺去过几许人命，直到20世纪60年代被航道部门用炸药摧毁。同期炸礁非止一处，譬如1952年对凤凰滩炸礁600立方米，又用挖泥船疏浚。1954年爆破猪圈湾、牛首、格垒咀、白虎山等滩礁。

各类险滩对船只的威胁各不相同。以白河县为例，县境内汉江从上往下游有蓝滩、观音滩、长滩、月儿滩钻子、洗把沟滩、麻虎沟滩、牛家湾滩、大王滩和白石滩共九个滩，其中观音滩、长滩、大王滩三处水下有巨石，水枯季节大船容易碰触；洗把沟滩水浅，枯水季节最易搁浅，但无沉船之虞；蓝滩、观音滩、麻虎沟滩长年水流湍急，木船上水拉纤容易打转倒退，下滩船如脱缰之马，稍不留神则触岸或被大浪掀翻，船家因此有“滩上富贵滩下穷”的谚语，指的就是过滩时的祸福两重天。

航道艰险，汉江上翻船的事时有发生。1944年8月第五战区安康后勤司令部的大划子船从安康去旬阳接人，在黄洋河附近的老君关滩头遇险，汉江洪水掀翻了船只，27 名船工落水，其中五人顺水漂流 30 里后被摆渡艄公救起，其他 22 人全部遇难。安康后勤司令部为此举行了葬礼。1945 年夏，部队的一船粮食军火在蓝滩翻船沉没。韩勇胜记得的一宗是 20 世纪 90 年代，十堰天河转运站供销社的一条机动船满载龙须草，下水运往襄阳销售，因为冬天水浅，走到白河县城下游 30 里路的板桥搁浅，连货带船都没了，三个水手游上了岸，船是后来请人打捞上岸的。进入本世纪之后十余年，黄金峡三花石一条采沙采金船被暴涨的洪水冲走，撞上一座施工中的桥梁，几名洋县籍船工落水受伤，送往西乡县医院救治。

姜启顺曾经多年为供销社跑船运货，和另一名水手配合，驾驶自家五六吨重的梭子船往来洋县和石泉之间，运输龙须草和构皮等物资。虽然从小跟随父亲在船上，他却没能精通水性，偏偏又遭遇了几次船难，一次是很小的时候，他和哥哥帮别人守船，江水大涨冲走了船只，一直顺流漂下西乡县境，在碾子河口碰到桥梁翻了船，船倒扣水上，两兄弟落入江中，被一条采沙船上的人搭救起来。自己当太公驾船之后，一次是在打船滩，姜启顺在后舱操纵船舵转急弯，年久朽坏的舵把忽然断裂，正在用尽全力的姜启顺被舵把拨下了滩，龙须草装得太高，在前舱拦头的伙伴没有看见姜落水，姜启顺顺水漂了一两百米，才抓住船帮获救。另一次是下雨涨浑水，看不清水下情况，船在泷滩触暗礁沉了，姜启顺抱着一块工具板子划水到岸边，船和柴火都打了水漂。这次事故之后，姜启顺无船可驾了，只得出门打了三年工。

黄金峡中段鳖滩得名于江心有块大石头，形似鳖，江边修了一座龙王庙，保佑行船平安，关于庙的起源有一段传说。一个武汉船主兼太公带领船队，装载洋油、洋布运往汉中，又从汉中装载桐油、花椒返航，途经黄金峡，船只停靠在金水河口江边沙坝，因天气炎热，太公带家属上岸游玩，不料原本的晴天忽然狂风大作，船被刮走了，太公在沙滩叩头，请龙王救船，许愿修庙，第二天他看到船在下游一公里处，缆绳和铁锚卡在大鳖石上，船只完好无损，就还愿修了一座龙王庙。

由于船只倾覆甚多，人命死伤惨重，需要救护、打捞和安葬，也杜绝有人乘水打劫抢捞财物，清代黄金峡船帮还订立了互助条约，勒石立碑。石碑立于金水河与汉江交汇处鳖滩半坡崖壁，至今尚存，高约两米，下半掩没于荆榛荒草。勒文虽经漫漶，尚依稀可辨。根据当地文史爱好者刘建章等人的整理，石碑全文如下[1]：

> 盖闻救蚁埋蛇，身得荣贵；济急惩厄，德及子孙。要无继善行之显报也。黄金峡者实属之最险之所，往来船只多受惊怖，倘有不利，货物漂流而人众坠入水，被两岸人夫只知捞货，希图卖资，并不顾人性命，即有人依货漂流，率皆舍人而抢货，凡此皆习俗所致，而众无可如何。我船帮人等何患其惜，不恐目视？
>
> 会同商议公立拯济会议，备救生船只。凡有遇事时于水中救一活人者，给钱百文；捞一死尸者，给钱百文；众

1　本书作者引用时经重新断句。

人知救人有功又不失其图财物利之益。久之济急拯恶之心油然而生者，尝不止我等已也。兹倡首诸人各出私囊救助，共成斯本，嗣后上下船只除旧规香火钱外，每船助钱百文，以善其继凡四方。

仁人君子有愿乐助者，众祈解囊帮助，但得积有成数，购置义地捐施棺材，将见生者土戴，淹死者阴感，商贾船只平安，莫不尽不从，此善行所积而废也。至于勒石书名，永垂久远，是又在已成之日，当不泯众性之善念也。是为序。

汉江船帮公置义地买明两处：

大龙滩义地山主　　江永贵

鳖滩江口义地山主　李文举

道光二十八年四月吉日众船帮首事公议仝立

碑文涉及落水者救助、尸体搜寻、船只财货打捞、死者埋葬用地、来往船只缴费多方面内容，从淹死者需要专门购置义地埋葬、尸体需要奖励人打捞来看，当时汉江上船难事故频发，不是零星个案。在这样的生死日常面前，太公肩负的职责，更显出千钧之重。因此其选拔也需要一再慎重，非日积月累，久经风浪，没有人可以随便当上太公的。

在数十年的水手生涯中，楚勇最遗憾的就是没有当上太公。“文革”结束之前，湑门村总共 300 人口，一共有五个太公，都是世家传承。太公的待遇要远高于一般水手。大集体年代，汉江中游身为纤夫的韩正龙一天挣 10 个工分，黄金峡的水手一天挣 15 个工分，而同一条船上的太公挣 20 个工分，出工补贴也高出水手一倍。上岸之后，水手要做生产种地，太公却是专业的，摆脱了陆上劳动。因此太公在村里地位风光，受人尊崇。直到 20 世纪 90 年代末期，下游石泉水库扩容，公路运输日益发达，太公的职业辉煌才真正走到了末期。黄金峡最后一代太公停留在 20 世纪 50 年代生人，“60 后”只有一个人学会了太公，也是因他身为太公的岳父传授。失业之后，一位太公曾经感叹说：“以前天天下石泉，现在 20 年没到过石泉城了。”

2019 年的一个秋日黄昏，黄金峡下游江边的一座路边小屋前，年过八旬的楚建忠坐着马扎，手倚拐杖，围观旁人下象棋。他或许是这一带尚在人世的最后一位太公，驾船的路线是从洋县往石泉运送粮食，再运往下游安康，赈济经受 1983 年特大洪水的灾民，装载量 16 吨。经历过纤夫、水手、拦头的磨炼，在船上生涯的末期，他才当上了太公，因为熟悉水情，为人机警，来往黄金峡没有发生过危险，但已经临近黄金时代的最终落幕。告别水上生涯之后，他双腿患上了骨质增生，行走需要拄拐，完全失去了驾船掌舵的神采，只能坐在马扎上和几位后辈聊聊天。他们和他一样，都姓楚，也都有或长或短的水上生涯，如今只能待在山坡上的移民村房屋里，眺望已经变为库区的江面。

暮色渐浓，楚建忠独自离开路边小屋，向山坳中归去，他的房子在山坳更深处。空旷的马路上，撑着双拐的他踽踽前行，每挪一步都分外艰难，渐渐消失在通向山坳深处的村道上，像是他那一代人最后留下的背影。

黄金峡江边小路上，最后一位在世的“太公”楚建忠踽踽远去的背影。一个时代的退场。

鸦梢、大船、升船机

2014年9月4日的那天，朱汉春带领我走进粮食局二楼汉江航运博物馆的陈列室，展厅里停放着样式各异的几种船只模型，泛着桐油的光晕，似乎它们刚刚从汉水岁月的深处走来。在柔和的光线下，朱汉春的眼神显出某种迷离。

这些模型代表的汉水上大小船只，正是他当年在旬阳造船厂朝夕制造的。朱汉春的父亲去世得早，继父是老船工，从小跟着继父在船上长大的朱汉春，12岁就进了造船厂，从1960年开始一直造了20多年船，从前期的木船，到改革开放后的铁船。

木船都是手工，从七八吨的小船，到载重60吨的巨构，都是一刨一凿慢慢打造出来的，下水一条船，十来个船木匠要忙活个把月，更大的船则要三个月。造船的木料有讲究，用的是红椿、花梨、杉木。花梨木耐泡而不经晒，适于做舱底，红椿和楸木做船帮，整棵顺直杉木做桅，杉木难得之后用青桐。但青桐不能做船身，不耐沤烂。桨、橹、舵的木料也各有讲究，五吨以下的小船配桨，桨把子用柏木，桨叶子用红椿木，取其耐浸泡。到了十来吨的船，配的是橹，用杉树料。船舵用红椿木。船篷用竹编帘子，帆用白布和竹架，纤绳用竹篾编。

尤胜泉是蜀河红岩社的老工人，16岁开始当学徒造船，一直到1996年退休，一共在汉江的沙滩上造了34年的船。在他的职业经验中，“出样子”永远是最难的工序，指的是把做船底的整条木料由原始的端直改造成带有弧度的形状，具有汉江上木船两头上翘、船底带椭圆形的样式，具体又分为鸦梢、虬子、老鸹、摆江等不同形状。方法是用火煨。把活木料用铁卡分几段卡住，卡出需要的形状后，一面做工，一面用文火煨烤，等到水汽干掉，形状也就固定下来了。然后是刷桐油，用铆钉拼接成船板，再用钉子桐油、石灰、麻瓤混合的黏合剂糊好缝隙，不怕水。

船工的全套工具有斧、锯、刨、锛、凿、锤等，依次有它针对木料的用途。一条木船的船帮就是一棵整树，锯子拉成两半，分为两侧。船底的木料和船帮都是三厘米厚，船帮顶上边的舷是箍船的骨架，需要五六寸厚。一条载重45吨的大船，船身宽度为2.4米，舱深1.2米，有三丈多长，两舷之间每隔1.5米需要横梁支撑，横梁的厚度是三厘米，船钉由船舷外向横梁的顶头打进，需要用五寸长的大方钉，起到榫卯的作用。船上所有的钉子都必须是方头，不能使用圆钉。小的钉子两寸长，用于铆接船板的缝隙。载重45吨的大船要用1000斤钉子，十来吨的小船则要用三四百斤钉子。俗话说“烂船也有三斤钉”不是夸大，倒是极大地缩小了造船真实的用钉量。

在一处渡口的老船工家里，我看到了几颗遗留下来的船钉，确如尤胜泉所言，形制都是方形尖顶，有似楔子，长度远远超过普通铁钉，其中一根足有一尺多长，还有一条是“U”形，有似抓钉。这些船钉锈迹斑斑，不知来自哪一条朽坏隐退的船只，和铁盒中同样锈蚀的造船工具一起，隐隐诉说着一个悠远兴盛的造船时代，也是朱汉春和尤胜泉职业的黄金年华。

造船的地点大致是在沙滩上，便于材料运输和就地下水。木船完工之后，由人工拖下河，民国时要敬老爷烧香放炮，船身披红挂彩，请客收礼，算是完成了一桩大事。对于造船工来说，一年四季露天，只有下雨才搭棚子，夏天太阳晒脱皮，冬天皮肉冻出皴口。江风吹沙，导致尤胜泉的眼窝成了风泪眼；长年泡水，累积成关节疼痛。和船上的水手相比，少了一份自由新奇，苦处却没撂下，工价也并不高，1962 年开始的学徒期一个月三块生活费，三年以后成为技术工，一天一块七毛，没有底薪，持续到 1979 年。20 世纪 80 年代由于航运衰落，工资徘徊在一天两块钱左右，直到 1996 年退休，开始拿一个月 170 多元工资，好在是有了一份晚年保障，不像很多船工船长只能买断工龄，拿上几千块遣散费回家。

和朱汉春类似，尤胜泉造船的黄金年代是参加工作的头十年，一年要连修带造一二十条船。20 世纪 70 年代造船慢慢减少，到后来只剩下修船。木船三年一大修，两年一小修，哪个部位撞坏了要更换，修船工把船从江里提上来，将半边压下去，直到船歪起来，人钻进船肚子下嵌木头上去。无船可做之后，尤胜泉干过铁船改装的活计。安康造船厂出产的铁船只是个壳子，没有船篷，船家需要来蜀河加做船篷，尤胜泉和同事们把一块块的木板像箍桶一样，用榫卯联结起来，箍成半圆形，高度 1.5 米左右，可以住人生火。这项业务一直持续到尤胜泉退休，支撑了红岩社后期的生计。

退休之后，尤胜泉还给个体户搞了两年，做摆渡用的小木船，这种小船都加装机器，因此船底尾部需要特别的凹陷，为螺旋桨留下空间。船舵的安装位置则在螺旋桨后边，顺应螺旋桨转动搅出的水流来操纵航向。

汉水之上，划子是最小的木船，用于打鱼，一个人摆弄就行。汉中洋县真符村的渔民杨文山和湖北郧县“黑户”水娃子晚年划的都是这种。两只划子并排拼接起来，中间加几根横杠，像是挑担，就是担担船，杨文山有次在水上捡到过一只。再大的叫老鸹船，打鱼的时候做生活船，住下一家人，带船篷。船艄翘起形似老鸹尾巴，因此得名。另有一种课船，上面排列十余个舱位，每舱供一人作息，配置六把船桨，船速快，逆水一日一夜可行百里，顺风顺水可行四百里，是地主专门用于催租的。

拉货的木船，最小的叫三匹瓦，也称舢板，只能装三吨，用一个太公一个纤夫，来去轻便。大一些的叫梭子船，装五六吨，用的是罗汉肚子船篷，受风鼓起，不用桅杆。再上去是虬子（也称鳅子）船，船舱深窄，载重十几吨，有十字形桅杆，遇风举帆，船员至少要七个人，是汉江上特有的货船，总量约2000艘。因为船艏船尾分别向回弯曲，有龙蛇虬曲之状而得名，适合装载值钱的细山货如桐油、生漆、木耳等。汉江下游水面宽阔，船的形制也和上游不同，最大的是襄阳出产的襄窝子，船长23米，宽有4米多，这种船中间部位低，两头逐渐升高，便于在大水急流中航行。

1949年建国后为了加大运量，建造了仓浅、身宽、前舱敞开的摆江船，船尾是分开的两只向上翘起的丫杈。这种船只吨位庞大，适合在水面宽阔平缓的河段航行，有的是作为机器船拖运的驳船，运送龙须草、药材、造纸原料等不怕水浸的“泡仓货”。

汉江上数目最多的船是鸦梢船，尾梢叉开上翘类似鸦尾，货舱口窄肚宽，吃水深，宜于乘风使帆，吨位从最小的四五吨到大型船的三四十吨，最大的达到五六十吨，据史志记载在汉水上下游总共达两万艘，用于运货。

以汉江上游和中游交界的白河县为例，据统计在丹江口大坝下闸蓄水前的1960年，县境内共有鳅子5艘、摆江8艘、鸦梢3艘、梭子4艘、划子26艘。根据韩家洲老船工的讲述，载重十万斤的大鸦梢，民国时整条汉水上只有两艘，一艘在安康，船主叫董中义，一艘就在郧县韩家洲，船主叫韩明太。这样的大船专跑长水，载满上游出产的桐油生漆木耳，下行到武汉，变卖后换成百货瓷器回程，拉到安康汉中沿路销售。一年只能跑一个来回，趁着汉江春汛涨了满江大水的时节下行，下行时要跟着水头，叫作“抢水”，不然船载过重吃水不够。半个月就能从汉中到武汉；等到七八月份再回程，回程的载货轻，水不能太大，时间要比下水长四五倍。

由于汉江多滩，大船回程太艰难，还产生了本流域特有的“一次性”毛板子船。打造此种船型不求精工，使用没有刨光的木板，为防止损害板材，以竹钉代替铁钉固定。船板厚，外形毛糙，但结实稳定，载重量达到三五十吨，造成后只航行一次，满载山货从陕西下水，至汉口销售，货、船同时卖掉，买主把船拆散，木料另作他用，卖主获利之余省却载货上水的麻烦，可谓一身轻松。

亲手为大鸦梢拉过纤的韩正龙讲，大鸦梢有20多米长，前舱八尺来深，用于装货；桅杆特别粗，桅杆顶上能搁下10个小碟子。起帆时要用绞杆绞，桅杆上系的帆是卷脚篷样式的，带三角形，和小船用的罗汉肚子帆篷不同。一条大船上要用两个太公、十几个水手、六七个纤夫拉。上水时起了南风就使帆，风小扯满帆，风大半帆，下水时也能起小帆。到了过滩时节，需要的拉纤人手就更多上几倍，有时一天只能拉过一个滩。

民国末年，在蜀河镇建造过一艘载重十万斤挂零的大木船，超过当时最大的船2000斤，船主是李丰皋。日后成为航道工的何显明当年只有8岁，是保长的养子，整日在蜀河码头沙滩玩耍，目睹了造船的整个过程。这条船从1946年做到1948年，等到下水底板已经烂了。大船的桅杆有20多米高，上半截是90厘米粗的杉木，下半截是钢筋捆扎的木头。大船用的纤担专门有一个小划子装运。大船分为三层，用楼梯上下，有两副船舵，一副天舵，一副地舵，由两位太公联手操作。吃水要80厘米，满载之后要6米，一年只能跑一次汉口。请了20多位船木匠，光是刷船的桐油就用了800斤，每天100多人运树拉木头，把到处的木头都买完了。船完工下水的时候，浑身挂满了红，放的鞭炮超过了万斤，沙滩上像是铺成100多米长的红毡，何显明和伙伴们来回扒拉捡瘪了的炮子。蜀河八大号为此摆席，连放了三天电影，全镇商号船帮送礼，礼金就得到了1.3万多银元。

李丰皋的父亲虽然是大太公，有自家的船，但他本人的财力并非特别丰厚，为了建造这艘大船，他拉了蜀河镇八大号不少的账。大船下水之后给八大号装货不要钱，用来还账，账还完船也烂了，修不起，李丰皋为这条天字第一号大船把家败了。

因为大船专走长水，在外动辄一年半载，就会发生一些不寻常之事。在韩家洲流传着韩明太的轶事：他押船下汉口期间，相好了当地的一个要人的老婆，被丈夫当场捉奸，逼着他喝很浓的盐水，不久就死去了，韩家谎称他得了扑地风（俗称，中风），拿上好棺材装殓后拉回韩家洲埋葬。中华人民共和国成立后为造地毁了韩明太的墓，挖出来时棺材还是黑幽幽的，半天就腐朽了。两条大船的船主在解放后都被打成地主，家道败落，汉江上也不再有这样的长水大船航行。韩明太的后代也赶上了移民，在凤凰山移民村附近养羊。

除了木船，汉江上的航具还有木排和一度出现过的牛羊皮筏子。据船工王荣贵讲述，放排是先从汉江上游各支流把木头放到汉江，形成一排排的木料，捆扎起来向下漂流，人站在排上，拿竹篙子撑，不让木排搁浅。排上搭的有篷，可以起居、生火、做饭，晚上则靠岸停排，在滩上歇宿。放排的好处是吃水浅，冬天一尺来深的水也能走。遇到险滩把木排打烂了，就把木头并到一起重新编排，到了下游的老河口一带，因为汉江流速减慢不再适合放排，就把木头卖了，人另行回来。何显明从旬阳下丹江口到转运站担任看货员，就是乘坐这样的木排下去的。一直到21世纪之初，我还在家乡的黄洋河上看到过类似的放排场景，只是排上没有了船篷。

羊皮筏子是外来事物，朱汉春曾经见到过。陕南解放之初汉水上游船只被征调到下游参与渡江战役，1952年陕西省交通厅从甘肃兰州市借调牛皮筏子24个、羊皮筏子8个，由兰州市派出64名水手组成皮筏队，在汉江上跑运输，主要任务是转运从青海和甘肃输送而来的青盐，两年中运输了青盐118万斤。因为汉江上险滩太多，皮筏容易受损，耗费太大，皮筏队最后一次从安康装运货物，顺流而下至汉口，就地解散，人员乘火车返回兰州。

20世纪70年代，机动船开始在汉江上普遍出现，但只有公家有能力建造。而且由于国家钢材紧俏，这个时期的机动船很多并非钢铁制造，而是将体型大的木船稍加改造，加装柴油机和螺旋桨。何世福是旬阳县航运社第一位轮机长，他去湖南、上海考察学习后，回来自行在一条载重 70 吨的大木船上安装了 80 马力的机器。当时航运社共有 50 多条木船，只有三条铁船，另有二三十条用帆的小木船。到了 20 世纪 80 年代，航运社的船渐次换成了铁船，而此时民间的船只仍然大都是木船。

为了得到造船用的钢材，朱汉春干了一件冒着生命危险的事。当时有一条三线铁道兵运输用的水泥船触礁沉没，朱汉春和航运社同事们听说以后前去打捞，朱汉春抱着 20 多斤重的炸药包潜下水底，将炸药包安放在水泥船上，再浮出水面点燃导火索，将水泥船炸碎后打捞上岸，利用水泥船的铁质骨架建造了一艘铁质机动船，载重 45 吨。这成了航运社建造铁质机动船的开始。

1949 年以前，汉江上水的主要产品物资是煤油、糖、淮盐、棉纱、纸烟、铁器和煤等，还包括酱醋，留下一句成语“老河口的醋，安康人爱吃”。《湖北航运史》记载，襄阳以上人民自元代至正三十年（1370）开始改食淮盐，元明时代每年分销襄阳为 8200 引，约 300 万斤。清代淮盐自汉口而上者每年达到 596 万斤，比明代几乎增加一倍，至清末更增加到 2000 余万斤。因西南货物经汉水转运之便，顺治年间朝廷在襄阳开设炉鼓铸造铜钱，铜料来自云南，铅来自贵州、湖南，1857 年经襄阳上解京局的铜有二三十万斤。元明以后棉花成为转运新物种，河南南阳棉花从襄阳转口进入湖湘，南方的棉布成品也经襄阳输往北方，棉花和布匹作为汉水运输的大宗货物一直持续到 20 世纪60年代。

下水的主要物资除了南阳棉花，更主要的是来自汉中“盈千累万”的生猪以及纸张（历史上发明先进造纸术的蔡伦封地和墓葬就在汉中洋县，造纸是当地延绵的传统），城固出产的烟草，大巴山和秦岭的药材。从民国的历史资料看，大宗者尚有黑木耳、生漆、桐油、羊皮等。这些上下走长水的大宗物资，成就了汉口“九省通衢”和襄阳“七省通衢”“南船北马”的枢纽地位，一直到20世纪60年代才发生了重大转折。

1949年建国之后，汉江上的民船变成了公私合营的合作社，船工入股成为航运社的职工，运营发生了很大变化，贸易从南北流通变为服从当地集体经济的需要，政府在汉江沿途港口兴建转运站，分段运输，长水贸易渐渐衰落，短水成为主导模式。

何显明1957年底替航运队放排至丹江，卸货之后留在陕南航运局驻丹江转运站，在那里待了六个月，负责看管物资，拿34元工资。转运站有100多间牛毛毡屋顶的库房，晚上要十几个人看守货物，物资主要是下游运上来的工业品、生活品，往下游的则是竹子、木头居多。陕西的船下湖北，要湖北转运站签字；湖北的船要上陕西，也需要陕西转运站签字。更多的则是交转运站另外组织船只转运。转运站的办公室也是几个棉布帐篷，船来了有食堂吃饭，需要登记，为了得到好的配货并节省时间，船主需要打点转运站人员。

但长水运输的彻底式微，仍然直接起因于20世纪60年代丹江口水坝的兴建。

丹江口水利枢纽1958年9月1日开工，中间曾经一度下马，1967年11月18日下闸蓄水，1971年2月大坝全体达到162米高程。丹江口水坝开始兴建之后，带来了两个直接后果：一是截断上下游造成航路不通，汉江航道被隔断为坝上和坝下两个独立的通航段；二是电站下泄水量受到发电峰谷周期的制约，变得极不稳定，无法保持船只吃水深度。

丹江口水坝没有修建船闸，上下游隔断之后，翻坝通航的设施是升船机。升船机工程于1968年8月动工，1973年11月建成试运行，1976年正式使用。升船机通航能力规划为两艘150吨级船只，实际按一艘150吨船只建设，设计日过船26～28次，年通航320天，通航能力83万余吨，船只翻坝不收费。但根据《湖北航运史》记载和航道局人员、船工记忆，实际建成后使用不多，甚至在一段时间后沦为摆设。

升船机使用很少的原因有几方面：一是除了翻越大坝的垂直升船机，船只在下游进入牵引渠时还要使用斜面升船机，斜面升船机有打滑风险；二是牵引渠道的拖轮被调走，要靠人力拉船，费力又不安全；三是原来设计中木船和尖底机动船是类似船闸的湿运方式，因为斜面升船机设施有缺陷，实际运行中都是干运，船只需要先出水，提升至坝顶再入水，对船体有影响。按照设计，升船机三班制配置人员125人，实际定员40人，运行人员只有一班制20人，船只没法随到随过，要凑齐几条船一起升降翻坝，往往需要等待许久。而且对于民营船只翻坝，乘坐升船机实际上是收费的。汉江航运博物馆收藏的一张运费登记表显示，1968年11月12日，“放三个船过丹江的过坝费”为黄姜片54吨，共收费653.20元，票据落款是航发所。多方面限制之下，升船机的使用频率越来越低，后来竟然长年累月无船翻坝。

丹江口坝下，高大的升船机。

改革开放之初，韩勇胜跟随父亲跑船从白河下襄阳贩货，有过几次翻坝的经历。他回忆过坝按吨位收费，一吨十几块，这和上文票据上记载的标准基本一致。他家是 30 多吨的虬子船，来回一趟在当时不是个小数目。船驶上升降机船台后要放水，船一会儿出水，一会儿入水，木船的结构受不住内外压力变化，带来损坏，导致船体变形。来回几次后觉得划不着，就不再往坝下走了。据韩勇胜回忆，升降机运行初期还出现过摔船事故，大船在翻坝途中坠落，“摔得一包渣”，令船工谈之色变。

刘贵棠也曾跟随船队数次翻坝。1986 年 8 月 20 日，货船从上游下行翻越丹江口大坝，日记中叙述“早上六点起床，洗刷后下街买菜，回来后过坝……坝上风景非常美，我在过坝时拍了照”。刘贵棠回忆，翻坝费时约 40 分钟，乘员并没有下船。但身为公家船，等待翻坝办手续仍用了两天，虽然没有收费，“找关系”却花掉了几条白鹤烟，过坝之后刘贵棠的师傅还庆幸地说：“这次太顺了，有时过坝要等上一周呢。”说明当时船只翻坝已非常态，获得批准甚为艰难，至于民船更是望坝兴叹。最极端的例子，安康航运队的一个船队在坝下等待翻坝，因为电站忽然放水又关水导致船队被托上高位后搁浅，用了一个月时间才翻坝成功。

襄阳市港航管理局副局长李冲回忆，一直到 20 世纪 90 年代，还有十堰市的东风原型卡车每年批量地上船运往下游，由丹江口升船过坝。“卡车重量不大，对翻坝设施要求不高。”但这已是翻坝的袅袅余音了，更多的是由陆路运输到大坝下游的襄阳，再装船输往汉口，每艘载货 200 吨，组成船队，一直驶往南京、上海。

2014年之后我两次登上丹江口大坝，大坝西岸的升船机装置一片沉寂，家住坝下附近的摄影师说他几年间来往大坝为游客拍照，从来没有见过升船机运行，大坝的官方导游人员也说，升船机就是摆设，已经很多年没有船只翻坝了。2006年3月4日下午，丹江口水电站150吨级垂直升船机4号钢梁被拆除，结束了它33年的历史运行使命。

同样的情形，也出现在汉江上游安康电站（也称火石岩电站）的大坝上。这座在当时的西北地区仅次于刘家峡的大型电站同样配置有升船机，知情人称建成几十年中几乎从未运行过。安康市供电局一位人士讲述，他们曾经有一艘营业船需要安置到大坝上游的瀛湖，陆路难以运输，作为电站上级单位动用了大坝升船机，“这是很久以来绝无仅有的一次”。安康市航务管理局局长许昌伯介绍，火石岩大坝升船机使用的是老式的晶体管，没有修理用的配件，已经报废。民间的船翻不了坝，曾经多次上访，安康本地的航运企业也曾到北京上访，每上访一次只能得到一次性补偿，无济于长远。

汉水货运被分割为坝上坝下两个独立的区间，但长水贸易的需求客观存在，为此陕西方面在丹江口市设立的物资转运站一直延续下来，下水的公家货物运到坝上后，由转运站组织车队装卸，转运到坝下再上船运输。

实际上，正是与丹江口大坝一期工程建设大体同期，汉江货运迎来了它最后的辉煌，主要原因是国家开展三线工程建设，给汉水中上游带来了庞大的物资需求，沿线重大项目包括二汽入驻十堰建造汽车城、入川动脉襄渝线、汉中重工业体系的建设等。襄渝线在襄阳至安康紫阳段大体沿汉江延伸，汉水运输成了铁路建设最便利的生命线，建筑材料的需求量很惊人，沿途船只和船工都被调动起来投入水运。汉江上出现了江心船只填塞、两岸纤夫连绵的情形，韩正龙、韩勇胜父子和他们的无数伙伴都是拉纤行列中的一员，水泥驳船、大摆江船、机器船等也正在这一阶段应运而生。

朱汉春回忆，三线建设时船运量太大了，航运社造船厂的生意因此也很红火，造了很多机动船。当时合作企业航运社职工达到了780多人，有90多条船，船队出行时一次最多达到十七八艘，齐刷刷停放在码头上。由于运量大，造船厂在冬季放假，抽调职工参与运输，朱汉春跟着继父在水上跑了很多地方，因此听熟了汉江号子。

《湖北航运史》记载，1966年武汉至襄阳的直达轮驳船运量达到7.8万吨，汉江粮食运量达到8.3万吨。虽然经过了“文革”的低潮，仍然在客观需求下恢复起来，1976年汉江航运局管理运量达到210万吨，比“文革”中最低年份的1968年增长近一倍。为了适应坝上坝下成为独立航运区的现实，加大坝上物资运量，1967年7月汉江航运管理局从下游抽调拖轮4艘、驳船14艘、客货轮3艘翻坝进入丹江口库区，开辟了独立的客货航线，并成立郧阳地区航运局。

但在1976年之后，随着襄渝线全线通车，一方面三线建设物资需求直线下降，另一方面传统的贸易运量很大一部分被襄渝线本身取代，汉江货运最后的辉煌倏然落幕。而对于坝下至汉口的航路来说，丹江口枢纽开始发电带来的改变也是决定性的。

电站运行和水运的规律完全相反。水运需要均衡稳定的水量，而电站从发电效益和设备维护出发，总是在枯水季节集中蓄水一段时间，再在丰水季节集中发电。丹江口枢纽共有六台发电机组，枯水季节经常只安排一台机组发电，下泄的水量大幅减少，最小只有 120 立方米／秒，比汉水历史最小流量还低，只有多年平均径流量 475 立方米／秒的约四分之一，不够满足船舶吃水深度。《湖北航运史》记载 1973 年 3 月 6 日至 4 月 7 日，丹江口坝下 247 公里船舶几乎全部停航。此后局面一直大致如此，刘贵棠所在的船队 1986 年的经历就是例证，在“走了好运”顺利翻坝之后，货船于下午四点半在下游太平店河滩搁浅，一直到了傍晚六点半自行浮起，原因可能是入夜之后丹江口水坝增加了机组发电。

汉江上游的火石岩电站坝下，出现了完全类似的情形。火石岩电站归西北电管局调度，用来调节用电峰值，何时放水发电完全没有规律，不发电时闸门全部关闭。安康航务管理局局长许伯昌透露，电站初建时和交通部门有协议，要求保证下泄 80～110 个流量，保证最低通航标准，但实际并未做到。完全按照发电需求操作，导致航运“有货时没水，有水时没货”，官司打到省里，仍旧拗不过电力优先的地位。许伯昌 1987 年参加工作，正好赶上汉江上游航运的尾声，货运日益萎缩，原来的安康地区航运公司船队只好另谋出路，分为安康船队和武汉船队两部分，由四条拖轮和八条驳船组成货运船队顺流而下进入长江，成为长江上唯一一支“陕”字打头的船队，由于吨位低，竞争力小，经营惨淡十几年，终究无奈退场。

同时退场的还有和航运公司一体的安康造船厂，这个西北最大的造船厂在我1987年到市里上学时已奄奄一息，在汉江防洪大堤上能够看到破敝的厂房和生锈暴晒的铁船，散落一地的机械间青草缠绕生长，以后厂房和废弃的船只都不知所踪。

汉水航运持续了几千年的黄金时代，在变局面前悄然落幕。

客轮、摆渡人、博物馆

1988年，刘贵棠喜爱的水上生涯没有持续几年，就面临航运衰微，需要另寻出路的问题。旬阳县交通局汽车运输和航运公司合并，刘贵棠被调到陆上，结束了水手生涯。这也是绝大多数船工的经历。

对没有交通局编制的航运社船工朱汉春来说，告别水上生涯的轨迹要更复杂一些。造船和货运生意衰微之后，旬阳航运社四下求生，造船厂转产办了磷肥厂，还有十几个职工分流到白河县打水泥砖，以后砖厂地址被占，厂子倒闭。最初几年还有一部分靠客运维生，朱汉春转移到了客运班船上卖票。

汉江的客运历史由来已久。汉代岭南入朝纳贡的使者经常从湖南零陵下湘水经长江入汉江至襄阳，再北上由陆路经武关达长安，文帝、景帝时南越都曾派遣使者由此路入朝。六朝时北方五胡乱华，中原人民大量取道汉江顺流南下，汉江航线上流人万计，百年间由汉江南渡的流民多达90余万。唐代丹江航道发达，从长安京城往南方的官吏会取道蓝关翻越秦岭，在商州仙娥驿换乘船只，沿丹江而下进入汉江，再顺汉江南下入长江，再沿长江上下去往各地，并可溯湘江去往更远的南方，公元819年韩愈因上书谏迎佛骨被贬往潮州，就是走的这条路，并留下了“云横秦岭家何在，雪拥蓝关马不前”的诗句。一旦在仙娥湖舍马登船，就意味着艰辛的陆路成为过去，以下都是乘驿船顺流而下比较舒适的旅程。在这条驿路上留下踪迹和诗句的，还有李商隐、白居易等人。

史载元代襄阳以下汉江河段设有水驿，公差使臣以驿船相送，明沿元制，清代则以陆路运输为主，以往的襄阳等地水驿转变为官办渡口，只保留陆路承接的功能。与官办驿运同时，民间客船运输发达，汉江上出现了适合长水旅客的卧舱客货船，称为“江汉课船”，后来演化为民间所谓“收租船”，与来往长江三峡的“马船”并称快速。

近代以来轮船兴起，《清史稿》记载 1896 年即已有小轮船行驶老河口—汉口航线，1904 年汉口民营轮船正式开辟汉口—老河口小轮航线，受航道限制时开时停。1921 年武汉泰安公司开设了从汉口往返老河口的小火轮航线，兼载客货，1925 年老河口本地商人也开辟了类似班船航线。到抗日战争前夕汉江航运线路共有 11 条。

汉江老河口以上河段由于滩多水浅，民国时期极少通行轮船。但在 1926 年，汉江中上游蜀河、安康等码头的人们目睹了绝无仅有的一次轮船航行，是汉口英国洋行商人为扩大当时流行的哈德门香烟销路并打击冒牌货，派数名国人做推销员，乘坐一艘蒸汽机动小轮船溯汉江上行，一路经襄阳、老河口、蜀河等地到达安康，在安康水西门等处城墙上绘制哈德门香烟图像，又大量回收哈德门烟盒锡纸，集中在水西门外码头上焚烧，以杜绝冒牌货生产，并抬香烟游行，向围观者抛掷。

家住蜀河的退休小学教师陈明福当时只有五六岁，目睹了汽轮到达蜀河码头的盛况，洋商出十个大洋雇本地擅长书法的人搭架写横幅，竖起了长15米、直径8米的三根哈德门香烟巨型招牌，散发传单并向商户批发香烟，铺子则雇烟童胸前悬挂托盘沿街叫卖，如同旧上海情形。汽轮上行时还有懂汉语的外国人同行，陈明福目睹一个穿白色衣衫的女士在沙滩上扎小帐篷，对着来往帆船拉手风琴，江风吹动白衣飘飘，那位女士身形颀长，风姿绰约，给幼年的陈明福留下了终生难以磨灭的印象。

新中国成立以后成立了湖北省航运局修船厂，1952年建造了第一艘汉江浅水轮船，第二年又建成汉江上第一艘钢质客货两用轮，能载客350人，载货40吨，适合在汉江下游运行，轮船以汉江下游一个港口城市“沙洋”命名。1956年建造了吃水更浅的“五峰”号钢质浅水客货轮，可载客120人，时速14公里，能在汉江枯水季节上行至襄阳（当时称襄樊），航行时波浪小，成为汉江航运的优良船型。当时从汉口经襄樊到老河口是中下游客运的主流路线，而上游的客运线路也颇为发达。丹江口蓄水之后，长水翻坝的客运无从谈起，库区的短途客运成为上游主流，1990年整条汉江上尚有客运航线15条，其中9条在丹江口库区，大部分航程不超过100公里。而在下游，湖北省航运公司只保留汉口到潜江泽口港一条客运航线，勉强维持，2014年我来到泽口时，这条航线也已倒闭多年，留下一幢古老剥落的家属院，住着几位足不出户的老人。

朱汉春转行卖船票的时候，汉水上游航运已经进入末期，班船跑的白河到安康的航线，从“文革”末持续到1990年，是当时汉江上客运线路最长的一条，客轮则制造于20世纪50年代后期，名字里保留着那个时代的印记：跃进。当时两地之间的直达公路尚未修通，给轮船客运留下了最后喘息的间隙。20世纪80年代末我在安康上高中，曾经目睹客轮在水西门外的码头停靠，常常引起我一番泛江远行的遐想。朱汉春的卖船票生涯总共也只持续了四年。

曾经多次乘坐班船的欧阳义回忆，班船从白河上水至安康需要三天，头天走到蜀河，除四位船员留守外，旅客都上岸吃饭，找小旅馆过夜，条件糟糕，“不染虱子就不错了”，第二天在旬阳县城住宿，第三天抵达安康。回程则需两天，经过旬阳时上岸吃饭，在蜀河过一夜。票价上水和下水一致，五块钱。途中过滩水急船载客上不去，乘客需要下船步行到上游，与空载上滩的客轮会合，上上下下需要五次。除了上滩费时，船上行时还要走“之”字路线，以抵消逆水的阻力，这也是航程长达几天的原因。

“跃进”号的末年航程堪称惨淡。由于火石岩电站修建后下泄水量的变动无常，以及挖沙采金对航道的影响，客船的航程往往窘迫不堪，并且时常需要乘客下船拉纤过滩。这样的航道条件，自然是生意萧条，坚持到白河至安康的公路开通，即黯淡收场，朱汉春也从此告别水上生涯，变成了一名化肥厂职工。

朱汉春的父亲则退而求其次，在汉江渡口当起了摆渡的艄公，直到2000年去世前夕。对于一个跑惯了四方的水手来说，撑渡船往往是最后的隐退之道，韩勇胜的职业生涯也是如此。20世纪80年代后期，他继承了父亲晚年从事的摆渡职业，将自家的运输船手续改办为渡轮，在白河县城老街至对岸的老关庙之间来回，其他几家造了铁船的船户也大都办了联合承包渡口手续，一共有七条船，每家一天轮流摆渡。白河至老关庙的摆渡自古传承，1949 年以后的几十年中票价逐渐从两分涨到五分、一角，韩勇胜接手时是一角五分钱，后一路涨到五块，乘客以进城买卖的商户为主。当时河街繁华，渡客众多，高峰期一天可以挣到上千块钱。

后来河街衰落，两岸来往减少，乘客连年萎缩，眼下一天过渡的不过十来人，因为承包手续还有几年到期，守着个渡船混日子。沿江修建的高速路截断了道路，行人需要翻越高架桥楼梯下河，艄公待在河对岸的船上，听到有人大声呼叫才过来，过渡往往要等上半天。“明年底这座桥一造好，渡口也就废了”，2020 年 6 月，韩勇胜望着下游几百米处跨江斜拉的郧白大桥身姿说，“船要卖废铁了”。

航运消失后，渡口是汉江上最后一种运输形式。根据旬阳县 2012 年的统计资料，该县汉江干流上尚存兰滩、棕溪、老虎沟、西河湾等 30 个渡口，其中还有三处是木船渡口。过渡量最大的蜀河镇兰滩渡口一年载客 6.6 万人，最小的则只有 5000 人左右，号称“西北第一渡”的汉江吕河汽车轮渡，则在前一年吕河跨江大桥通车后消失。2019 年我从汉中洋县县城顺流而下至渭门村，沿途仍可看到多处经营中的渡口，人称“洋县十八渡”，只是大多时候过渡者稀少，艄公一般待在家中，乘客需要拨打手机通知下河摆渡。

这些渡口的存在，是为了满足少量群众出行的需求，如果没有政府的柴油补贴，靠自身客流量都难以维持，年轻人无人愿干。渭门村渡口的摆渡人吕思会是一名中年女性，她介绍过渡收费每人两元，遇到汉江涨水收三元，一天最多挣四五十元，少的时候只有一二十元。交通局每年下发 7000 元油补，实际渡船一年的烧油花费在 3000 元左右，船工因此有些盈余，“不然没法干了”。

张吉全是这处渡口更早的摆渡人，十几岁时开始撑船，从 1982 年干到 1990 年。最早过渡费一次两毛，到他离开时涨到五毛，本地人过渡不收费。政府没有现金补贴，渭门村给他一亩水田，对岸的西乡县给十亩旱地作为补助，不干了之后土地被收回。过渡用的是木船，因为收费低，开机器船不划算。

近年渡客越来越少的原因，是搬迁去集镇和城里的人多了，渡口下游又修了桥。从前的摆渡人是河对岸的村民，年纪太大撑不动了，无人接手，因此换到了这岸。虽然乘客越来越少，摆渡仍然是个辛苦活，两头干到天黑，还需要随叫随到，有时端起饭碗又搁下。吕思会愿意接手的原因，也是因为她丈夫腿部有残疾，不能出门打工，她以自己的名义登记手续后，实际是丈夫长年摆渡，吕思会也像别人一样出门打工，只是这天偶然在家。

2021 年秋天，我和刘贵棠一起从旬阳上行，探访旬阳与安康交界的马家湾渡口。由于旬阳电站尚在修建，这里的汉江仍在自由流淌。河道下切很深，顺着羊肠小径下到石滩，江风浩大，两岸云山雾罩中，一道激流挟水汽奔驰而来，转弯泄滩处传来低沉的轰鸣，不知经历了多少岁月，而渡口也似乎同等古老。从前的水泥石礅已被涨落江潮洗刷净尽，只余一川斑驳乱石，对岸沙滩依稀可见一条渡船，打手机之后，艄公从江岸家中下坡，开船往这边驶来，柴油机突突的响声在江面回荡。因为江流湍急，渡船向下绕了一个弯才开过来。摆渡者是两夫妻，艄公王荣贵掌舵，妻子梁清娥撑篙。过渡之中，能明显感觉到江水对船舷的压力，航线仍旧向下绕行，好像一张蓄力拉满的弓弦，船和江用尽了力气在搏斗，让人感到古老而新鲜的生命力量。这在十分之九河段已经成为库区的汉江上，已经是难得的体验了。

王荣贵是老水手，从小驾船几十年，航运衰落之后，1979年开始摆弄渡船，以后又自己买船经营，最初几十年生意红火，一天过渡者有四五十人，包括每天渡江到对岸石梯镇中心小学的学生。邻居刘庭凤是对岸高背梁的人，24岁嫁到马家湾，一行几十人连同嫁妆，坐的就是王荣贵的渡船，给王送了白糖、大米、肉吊子和果品四色礼，事后请王喝酒坐席。谈起这段往事，王荣贵被江风塑造出沧桑线条的脸上，露出难得的柔和表情。王荣贵为人仗义，在家乡广有名声。据朱汉春讲述，王对穷人过渡不收费，恶棍混混从不赊账。当年他们跑从旬阳到安康的班船，路经马家湾一带，有当地青年上船设赌局骗人，乘客深受其苦，客运公司管制不住，事后由王荣贵出面进行调停，才制止了那帮地痞青年的行骗，使航班正常运行。

2010年以后，马家湾很多人搬进了城，或者在外打工，家里只剩老弱，对岸的小学也撤并了，过渡乘客越来越少，到现在一天只有七八个人，每次过渡收费五元，政府一年补贴6000元柴油钱，仍然只是维持生活。等到上下游的大桥修通，渡口的生意会更萧条，不知能否继续存在，而库区蓄水之后，眼前的激流大川也将化为平静的水面，摆渡人和乘客不会再有与大江搏斗的感受了。

人气最为寥落的渡口，是在黄金峡大坝上游不远的锅滩。

2019年6月我来到村中时，只余寥寥两三位老人，江面早已无人过渡，摆渡人姜启顺却不愿离开。一天中的大半时光，他默默坐在已被蒿草侵夺的土屋前，眺望脚下泊在江岸的三条铁船和一条木头划子，其中有邻居搬走时让他看的两条渔船。渡船国家不给补偿，无法处理，是他不让自己离开的理由。但在内心里，他舍不得离开这里，作为水手，渡口已是他最后的立足之地。

1997年发生船难，出门打了几年工之后，姜启顺究竟还是不习惯，2002年回来做了摆渡人。有时他不在家，就由老婆孩子摇木船过渡。锅滩渡口曾经人烟阜盛，两岸有好几个村落时常过江来往，从洋县上游去西乡、湑门的生意人都要从这过渡。村中曾经的卫生所招牌还留在门楣，供销社荒废的院落中遗留假山鱼池，人家屋前的条石台阶装饰花纹，檐下还有自来水池子，是渡口昔日繁华的证据。尚未离开的卫生所老医生回忆，2000年的时候，村中还有三家药店和四家商店，买菜都不用出村。姜启顺住屋的墙上嵌着一块黑板，上面密麻麻用粉笔写着来往商户的电话，说明了当初过渡业务的繁忙。

几年来随着公路发达和桥梁修建，尤其是黄金峡水库开工征地，几个村落的人都搬去了移民点，已经无人过渡。姜启顺唯一开船的机会，是镇上和县城的领导偶尔下乡检查移民工作进度，免费乘船过江。这位长年的摆渡人，到头来无法摆渡自己，只能留守在这座几乎空无一人的村子里，听着下游黄金峡工地不时传来开山挖隧的沉闷炮声。只有从脚下江面徐徐吹来的清风，是对他水手生涯的最后抚慰。

刘贵棠离开造船厂上岸之后，没有放下对水上生活的念想。

锅滩渡口，一对摆渡的夫妻。

他延续了自己摄影的爱好，四处拍摄和汉水有关的事物，一年要消耗掉上百个胶卷。另外从还在船上时他就开始捡拾收藏汉江奇石，后来发展到和汉江航运有关的各种物件，到后来家里已经堆不下了。2000 年他认识了一个叫尉世生的人，把收回来的东西一车拉到尉世生在乡下的空房子里搁着，得以继续四处收集。同时他大量在网上撰写文章，记录和汉水风物有关的往事，换来稿费购买胶卷和收购旧物。

在汉水上下游寻觅走动之中，他结识了襄阳拾穗者工作群的创始人李秀桦。拾穗者是一个以搜寻打捞民间旧物、保存汉江记忆为宗旨的组织，在对汉江的考察中，李秀桦从蜀河黄州会馆的戏楼上摔下跌断了腿骨，至今行动不便。在李秀桦的牵线下，刘贵棠赶上了襄阳老城区拆迁和淅川移民搬迁两次机遇，得以亲临现场过眼更多的物件，在李秀桦拍摄的老照片中，刘贵棠提着一只鼓囊囊的蛇皮袋在搬迁后的空房里奔波，寻觅有关汉水记忆的物件，扛到路口租三轮摩托运至县城，走物流装车回旬阳，收获颇丰，其中包括轮船用的兔耳锚、大盘的竹编纤绳、三层楼高的桅杆，以及淅川县船舶修造厂的木牌等，大大地增厚了原有家底。由此在李秀桦的建议之下，刘贵棠开始有了建立航运博物馆的思路。一直到 2010 年，他的私人事业终于引起了注意，一位常务副县长指示将刘贵棠调入海事局，“结束了长期的漂泊”。

调入海事局的同时，刘贵棠得到了政府经费的支持，开始筹建汉水航运博物馆。他的个人藏品以交通局给予奖金的方式捐献给了博物馆，一共达到 2000 多件，以后十年间，博物馆在这份家底之上又征集了 1000 多件，可称包罗万象。从博物馆二楼一路看去，除了墙上大量的老照片，展柜里还有船上钻眼钉钉子用的手扯钻，上滩加油鼓劲的击进鼓，船靠码头时缓冲的靠帮球，水手上街时提的笼子灯，装米的青釉瓷缸，枸皮编织后表面用米汤、石灰、豆腐、猪血混合糊成的半人高油篓，交货结账用的码头签子、漆上了“奋战襄渝线纪念”的搪瓷杯等，多数物件的名目非目睹难以想见，来源则分布在汉水上下游各地。

相比起整理过的二楼展品，一楼的物件更为纷繁庞杂，譬如一副船上用的老茶几上堆放了十几只式样各异的篓子、提兜、油篓、斗笠，相邻的两条板凳上则散落着马灯、草鞋、航班标示以及旧钢锯，安康—襄樊普客的标牌，则随便搁在三只铁皮茶壶和一只铁桶上面，旁边还有一床船员用的旧棉絮，所有物件都褪去了鲜亮颜色，蒙上年深月久的尘灰，如同出土文物。墙边的几大架文件柜和屋中间的条桌上，则叠放着成堆的账薄、货单、档案、船票、文件、日志、报纸资料，许多纸页已经泛黄发霉，经不住手指摩挲，其间还有“文革”结束后对朱汉春当年卷入造反风潮的清查文件，刘贵棠的船工日记也在其中。

展厅中的镇馆之宝是三具锈迹斑斑的铁锚，每具重达近百公斤，据说为明代铸造，至近代仍在使用。铁锚被发现于河南南阳唐白河源滩渡口，抗日战争中船只逃难覆没，铁锚沉埋水中数十年，2010 年被采沙船老板打捞起来，寄放在一座加油站。刘贵棠和李秀桦去当地游历发现了铁锚，沙船老板索价 4 万元，刘贵棠手头拮据，双方拉锯了一晚上，依靠朋友垫资以数千元成交，租用货车辗转运回旬阳，展示在博物馆二楼，为汉水的航运历史增了一份分量沉重的脚注。

实物和资料之外，数十位汉水沿途老船长的黑白照片，静静地悬挂在博物馆的墙上，其中很多人已然逝去。他们被江风水汽刻划过的面容，如同水面牵动的绉纹，与静静停泊的船模一起，对来访者讲述着汉水航运的沧桑往事。

河街、古镇、港口

2019 年夏末，我第一次去到白河县老城，也就是河街。这是我的高中女同学欧阳雪宇出生之处。

从建筑高低错落的半坡车站出来，往下走是一条颠簸的小道，尘土混合着沙砾飞扬。渐渐到了汉江边，显出略为空旷的情态，没有沿坡而上那么多千篇一律又杂乱无章的楼房，那些建筑的出生年月也许并不长，却从来没有新过，从头就蒙上了尘土。我在路边看见了一家铜匠铺，似乎天下所有的铜在这里齐全了，一切暗处闪着微光，这曾是我童年四处寻求的颜色，与财富有关。眼前却说不上琳琅，全然寂寞，年老的店主低头坐在门前，膝上蒙着一块皮子，无心承揽生意，似乎深陷在记忆里，透过敞开的橱窗，陈年的繁华与落寞尽在眼前。

这家铜铺标明了所谓城内和河街的分界，再过去就看见了河街。它待在江边，有一部分层叠挂在坡沿上，和坡顶的白色新城不同，几乎全然是黑色，保留着板壁和瓦顶的原貌，吊着细瘦的木脚，几十年来没有增加任何东西，只是不断在减少。

走上老街，两旁房子几乎都空着，房间里黑魆魆的，透出潮气，似乎一次涨水刚刚退去。房间的一层大都空着，大约是留给周期性涨退的洪水。整条老街像是一个深深的走廊，只有寥寥的房间透出微光，门户后隐约有几位老年人居住。

侧巷有石阶通向坡上，另外一些破敝的房子，也都人去屋空，寂然无声。一处屋顶一半倒塌的木头房子，用木条钉成的篱笆门上贴有一张纸，“本人不用水电，请收费员别打扰”，这是坡上唯一一间有住户的屋子，后来知道他是一位遭遇泥石流毁坏房屋的山民，看到这里全是空屋，自行借住。高处有一座陈年祠堂，带有破损的飞檐和雕花窗格，长满青苔的院子里倒着一块断碑，上面依稀的碣文说明这里在民国年间有一座学塾，为宗族的孩子们提供发蒙教育，也招收外姓学生。后来得知，这里是河街商人柯家的祠堂，柯家一面从各乡收购桐油、构皮纸和生漆交给船帮运下汉口去卖，一边销售船帮从汉口捎回来的大宗货物，主要是布匹，在河街上有很大的铺面。1949 年以后祠堂被充公，柯家的浮财被没收，沦落为小生意人，祠堂改为小学，由一个启蒙老师带着二三十学生，依旧发挥作用。

这个昔日两省交界水码头的荣光，只留下了这么几行碑文。戏台、货栈、旅店，甚至青楼，一切了无踪影。唯一和航运有关的遗迹，是老街入口水文站跨江的一道铁索，下面悬着酷似飞机航模的装置，听欧阳雪宇讲这是测量水位的升降浮标，每当涨水时水位可以一目了然。那些日子小孩子觉得兴奋，紧张的是大人们，晚上不睡觉，拿手电筒照着查看水位一点点涨起来，先是上了河街，后来漫过了屋顶，街上的人纷纷撤离，害怕泡的货物细软装车携带，不怕泡的家具则搬运上楼，桌子凳子腿捆扎在一起，自家有的亲戚往后撤了上来，再后来浮标到了某个高度，自家也要打理包裹逃难了，此外只带上一张席子，睡在山顶城里的广场上。等三两天水退了，房子渐渐露出来，屋里淤积了尺来厚泥沙，家家清淤扫泥。年年复始，称为“搬水”，成了生活的一部分。小孩子们趁着水还没完全退尽，去河街上踩水打水仗，看人们清淤扫街，也是娱乐一种。

顺着缝隙下到河街后身，河滩上也没有船只停靠，连往昔下锚系缆的铁桩痕迹也无存，只见一个翻掘过后被废弃的沙场。汉水缓缓摆动，带着往昔清白的颜色，但水量受上游电站制约退到河心，似乎不足以承载航船。河对岸有一片状如岛屿的石礁，江水流经这段迂回湍急，称作白石滩，当年船只停靠河街之前必须拉纤上滩。

我在清凉的江水中游了个泳，想象这里消逝的过往。

几十年前，这里桅樯林立，船舶拥挤，作为曾经的白河八景之一，韩勇胜记忆中的“白石风帆”四字道出了它当初的风貌，沙滩的石子是白色的，附近汇入汉江的支流被称作白石河，县城也因此得名。沙滩平缓迂回，可就处下锚泊船，两岸滩头风帆迭展，布帆并不纯是白色，由于破损后用各色布片缝缀，如同万国旗帜，《嘉庆白河县志》形容为“橹摇星斗银河动，帆挂经纶足练轻……舟行莫问荆山璧，到此还须着力停”。

居住在河街的老居民，也是欧阳雪宇的父亲欧阳义讲述，当初停靠的往来货船一直延伸到老河街的上端，比河街还要长出一两里路，遮住半幅江面。船舶就地下锚系缆，装卸货物，沙滩就用作堆场，码着大量上游转运来的山货，大群安康、旬阳、紫阳、石泉的小船运货到这里，换装上大船，因为到白河河街后险滩已经过完，适合大船航行。另外也有从四处乡下和陆路聚集而来的货物，都在此人力转运上船。从下游回程的船只则捎带大量工业品百货，同样在沙滩上卸货，由人力搬运上岸，进入河街的仓库、店铺，发往四乡。沙滩上还有就地造船的工人、喊号拉纤上行的纤夫，四下人声鼎沸，往来穿梭。晚上留守看船的人点起煤油灯，此外有挂在船头的马灯，灯影闪烁，倒映江水，上下摇动，和灯火通明的河街映衬，有似真如幻之感。

河街上则是人流穿梭，由于街面狭窄近乎水泄不通。店铺林立，顺江绵延两里多路，以中部红星桥跨桥儿沟为界分上河街下河街两段，沿坡上下则分为数层，顺桥儿沟上坡至城里尚有一里多路长的民居古建，可谓寸土寸金。街面人群摩肩接踵，码头工人赤膊搬货、水手沿街闲逛、顾客出入店铺挑货的身影交错穿梭，再加上戏馆的咿呀弹唱。河街经营的商铺分为黄州帮、武昌帮、关中帮和本地帮，黄州帮聚居于下河街；武昌帮，与陕西、山西和江西的商人则居于上河街，各有多家老字号，譬如临泰恒、柯福兴、吉生信、两竹油行等，各帮皆有会馆，分别处于上下河街，此外免不了的是戏馆，“一共有两处，唱的是秦腔、湖北梆子和豫剧”，河街摆渡人韩勇胜回忆，这正是顺应来往白河码头的三省客商喜好，其中一处是在白石河口的杨泗庙中。

老街后身还有一处翠花坡，是为水手和往来客商提供消遣的妓院，大船靠了岸，水手客商们上岸安顿好住处，在饭铺吃过，会馆喝了茶看了戏，还可以爬几十步阶梯上去，花钱买得一时的风流快活，直到 1949 年以后被禁止。

在韩勇胜的年轻时代，这里是称作“小汉口”的全盛时期。固然“小汉口”这一名称被汉水沿线上来众多码头通用，但作为陕西、湖北两省交界、“秦头楚尾”第一大埠，白河老城还是有它出众之处。河街泊岸船只来自上下游的陕西、湖北、河南，携带大批桐油、皮纸、木耳、龙须草、生漆、麻、棕和五倍子等各种药材，以及外来的布匹、盐、糖、铁器、瓷器等京广百货。清代末年，仅食盐一年的运量就达到 480 吨的定额。此外还有特殊的货物——鸦片，从山西、河南、湖北贩运而来，一年的运量达到 120 吨有余，销往陕南各地。

码头历史久远，商路远达南洋西欧，晚清时已至高峰，一份光绪二十九至三十二年（1903—1906）的白河县出境货物统计显示，当时经汉口销往国外的就有上游出产的牛皮、羊皮、漆油、生漆、生丝、汤茧挽手丝、木耳等，从国外进口的货物则有来自南洋吕宋的药材苏木、东洋西洋的颜料、美孚公司的洋油，其中 1903 年 10 月至 1904 年 9 月一年中牛皮销量就达 1899 捆，折合 4474 吨，漆油 1368 吨，木耳 70 余吨；进口的苏木则达 117 吨，洋油近百吨。

在欧阳雪宇的童年时代，这里还有很多的热闹，即使只是过去繁华的剩余。沙滩上依然停了不少船，市面上可以买到很多东西，正月里白天绣花龙，晚上火龙游行，身穿红色裤子、赤裸上身抹桐油的舞龙汉子不怕烟花的喷洒，沿街商铺纷纷摆香案接龙讨喜庆，最后送龙到江边焚化，一时烈焰升腾，叫作送龙升天。正月十六孩子们纷纷拿出压岁钱，坐渔民的小划子去对岸白石滩和老关庙游春散病。每年的涨水退水，虽然带来惊慌和“搬水”的劳烦，却也像是某种周而复始的节目。

河街的衰落是从 20 世纪 60 年代渐渐开始的。“文革”中会馆和杨泗庙被拆除，戏台扒掉，老字号也荡然无存。丹江口水坝修建和襄渝线通车，动摇了它三省码头的地位，但短水运输仍在存续，到 20 世纪 80 年代尚有店铺 600 余家，年营业额 400

多万元。江上往来的船舶，到1988年也还有划子43只，机动船货轮9艘，客轮2具。欧阳雪宇童年所经历的，就是这一时期河街的剩景余光。1990年上游火石岩电站的再度蓄水发电，则让它彻底失去了元气，江上的船舶和岸上人群陆续离开，龙舟和过江游春散病的风俗也渐次消失，人们纷纷迁往“城里”，此后几十年间河街只余躯壳，直到今天彻底退场。

我怀疑这副残存的躯壳何时会被拆迁。但近十年后再去白河，虽然已有预感，现场仍然使我震惊。

用荡然无存已经不足以描述——几乎说得上天翻地覆。从已经消失的铜匠铺过去不远开始，道路在水保站悬崖下被施工围栏遮断，可以看到汉江河口修起了巨大的滨江公路高架桥，行人只有绕很远的路，从尚未被覆的桥面上走过去。桥里侧以前是河街的地方，现在变成一个巨大的工地，到处是基坑、渣土和挖掘机急促转动的长臂，轰鸣声和烟雾一起升腾，以前的老街已经碎成粉尘，连成型的瓦砾也说不上，可以想见它在陈年岁月中的朽腐。只有一座孤零零的吊脚楼，挂在河街中段的坡上，看样子是被保留下来了，不知是否那次我发现断碑的祠堂。

滨江路上的示意图说明，眼前正在进行的是316国道改线工程和河街防洪保安工程、河街棚户区改造工程三合一的建设，因此规模如此宏大，使被改造的对象老街和汉水都显得过于渺小。示意图上的高层楼盘和滨江广场，展示了这里未来的美好图景。作为对比的下半部照片上，泛滥的洪水淹没了老街腰部，房屋的下半截都泡在水下，似乎难以维持。眼前高架下的汉水像是退到了遥远的背景上，虽然实际上它的水位比上次我游泳

拆迁中的白河县老河街，只保存了一座吊脚楼。

时高了许多，因为下游白河（夹河）电站的修建，这里已经成为库区。

相比之下，上游几十公里的蜀河镇变动要平和一些。这个地处汉江和蜀河交汇处的古镇，由于水路可通武汉宁强，陆路经蜀河北上 700 里可至西安，成为天然的水陆转运码头，汉代建治，从明代的关中岩盐南运开始就繁盛起来。几百年过去，虽然江上的舳舻风帆早已荡然无存，沙滩上造船修理和装货卸货的忙碌场景作古，货物堆场和仓库也在洪水中化为乌有，坡上的规制却还大体完好，顺着城门上行，沿马蹄踏出凹迹的青石板小巷深入，两岸是似乎抹上了桐油的黑色石坎，爬上高峻延伸的台阶，斑驳的马头墙、黑漆大门和剥蚀墨绘之间，历历可见当年“小汉口”的遗迹。旅游指示牌上的名目，说明了当年古镇的格局不凡：不仅有商号、会馆、货物转运站、船帮、火神庙、三义庙等应有之义，还有钱庄、电报局、当铺、同善社、城南书院、基督堂这类在发达市区才有的机构，甚至还有一座新建的社区博物馆。已经夷为平地的钱庄旧址，地砖缝隙间青苔浸染，几盆菜蔬生机盎然，旁边的标示牌上说明钱庄起源于清代中期，实为私人开办的商业银行，发行的银票可在蜀河和来往船帮客商之间流通。一旁高耸的蜀河电报局砖墙上安装着“卍”字符的排气窗，资料说明这是由欧洲人设计建造的德国、徽派建筑合璧风格，光绪三十年（1904）蜀河设立了甲级邮寄代办所，宣统二年（1910）设立电报房，以后安装莫尔斯电报机一部。城中短短的一段“八家巷”历史上聚集了八家老字号商户，现在仍留下了有上百间房屋的恒玉公栈、城南书院等遗迹，城南书院高耸的西式拱门、二楼宽阔的格子窗教室、马头墙墨绘和雕花窗格，透露了当初“仓廪实而知礼节”的文化繁庶。

古镇中最气派的两座建筑都在半坡之上，比邻坐落，一幢是湖北商人聚集的黄州会馆，据说始建于乾隆中期，修建历时99年，是陕南规模最大、工艺最精美的殿宇式建筑。会馆明显比已经荒废的江西会馆、火神庙、三义庙高出几个档次，高门大户，台阶迭耸，迎面雕饰繁缛的门匾上镌刻着“护国宫”几个大字，进入麻条石高门槛之后，院落镶满大块青石板，最显眼的则是名为“鸣胜楼”的戏台和两廊的茶楼，摆开八仙方桌和条凳，客商们可以在茶楼上议事、喝茶、用饭、听戏。戏台飞檐斗拱，彩绘华丽，至今仍大为可观。大殿中一通石碑说明了会馆地皮购买的来历，是一家祖居山西世代来蜀河经商的商户家道败落，于是将地皮出卖给商会修建黄州馆，以后的两块石碑上则密麻麻刻满了捐资修建会馆的商户名字，最大宗者有捐银78两的。

附近不远则是古镇另一大帮派：船帮的会馆，因为祭拜汉水一带的水神杨泗称为杨泗庙，庙在高坡之上，俯瞰汉江和東河口交界，庙门坡下石壁上有用红漆历代标记的洪水位置，最高一处是明万历十一年（1583）的记载“水至此高三尺”，比下方1983年大洪水刻画的水位线还要高出两米多。但根据船工的说法“汉江水再大，杨泗老爷不会洗脚”，也就是不会淹到杨泗庙的门槛，透露了船工们对于水神的信仰。庙内同样有一座戏台，两廊有茶楼，号称与黄州馆“唱对台戏”，但气派精致程度明显不如后者，也显示出作为货物运输者的船帮，财力上毕竟

蜀河黄洲会馆戏楼。

还是远远不如作为雇主的坐商。庙中大殿瓦楞上青草丛生，院落中一组撑船拉纤的雕塑，叙说蜀河航运繁盛的船帮往事，引来不少老船工水手留恋。2020年，安康老船长陈明玉的儿子就带他来了一趟蜀河，在杨泗庙这组雕塑前拍照留念，似乎回到了50年前日常驾驶班船来往蜀河的岁月。

在自小生长在蜀河的何显明记忆中，往日的市面繁华还很清晰。蜀河最出名的商号有八家，叫八大号，有似当地出名的船帮伙食“八大件”。八大家客商的来源分别是西安、山西、黄冈、江西、武昌等地，湖北的老字号叫作瑞生福，经营布匹、米面油，西安客商叫恒义闹，以贩运关中岩盐为主，可以借助船帮远销武汉；大益省经营布匹和糖，一次下武汉要走三个大虬子船，回族的洪茂泰则经营农具、酒和瓷器碗碟，开办有规模宏大的铁厂，遗址至今尚存，成为一个颓圮围墙隔住的荒草院落。这几家商号互相攀比，留下了一个传奇式的故事：民国时洪茂泰、大益省和恒义闹三家比谁的货多业大，雇佣搬运工人从后坡仓库往河街门面搬运货物，看谁家后搬完，先抬完的要出3000银元。洪茂泰特意雇工人白天往下抬，晚上又往上抬，每日工价十块银元，显得自己的货物总也搬不完，后来被发现。腊月三十，八大号关门上灯，到了午夜12点家家放炮，出门手持油光帖子拜年，封的红包三五百银元不等，“上千块大洋的也有”。商户们互相请客，连番累日，船老板也和商号互相延请，彼此加固委托运货的业务往来，“船老板请不起客的一年都装不到货”。这种风俗一直延续到20世纪60年代，才随着航运衰落而作古了。

关于蜀河当年产业的细致发达，可举一例为证：刘贵棠拜访过一个肖氏家族的后人，肖氏家族当年在蜀河专业经营石印，担负蜀河镇和往来贸易的陕西、湖北几百里方圆内糕点、月饼、麻花、皮纸包装上的商号戳记，以此开办了规模盛大的铺面，成为家族传承的事业。另外的商户专门加工棉烟成为烟丝，代理河南、武汉等地烟草公司在蜀河销售，雇佣烟童胸前悬挂托盘，内装哈德门、兄弟牌等香烟，有似旧上海外滩情形，有所区别的是，因为本地吸烟者多为下苦的码头搬运工人，占着双手没法点烟，烟童因此手持一根粗大线香，将香烟插到挑夫嘴上之后，又凑上线香点燃香烟，方便交易。

蜀河镇在汉水中上游航运中的地位和发达程度，超过了一座普通的县城，产业完备甚至超越府城安康。这一点在整个汉水流域中，只有占据汉水—南阳—洛阳航运路线和“万里茶道”途经的河南唐白河中段赊旗镇可以比拟。20世纪60年代以后，蜀河镇不可避免地衰落了，好在由于地处偏远，它的大部分遗迹没有经历白河老城河街那样的剧烈变动，得以幸运地保存，时至今日成为汉水旅游资源的一部分，以某种死而复生的方式活了下来。

相比白河老街的遭际酷烈和蜀河镇的幸运，洋县黄金峡镇更像一个被人遗忘的偏瘫病人，在长年累月之中一点点失去最后的活气。2019年我和当地友人来到镇街，它的过往尚非荡然无存，在新建的主干道之外，保留着一条半坡上的老街。黄金峡镇原名新铺，后来成为镇治所在地。让人意外的是，它的生息完全依赖于黄金峡的往来船运，却并没有处在上下游江边码头，而是在背道的一处山坳里，离汉江有相当的距离。当地人解释，这是汉江黄金峡河段的弓弦式流向形成的。

汉水流经洋县金水河口后，遭遇秦岭余脉阻挡，在洋县、西乡、石泉三县间拐了一个大弯，从上游入口还珠庙到下游出口渭门村，水路弯曲60里，如同弓背，而陆路取捷径却只有18里，如同弓弦，老街就处在弓弦的中段上。黄金峡江段滩多浪急，大船到了峡谷下游入口，因为货载过重无法上滩，需要提取一半货物，尤其是将值钱又不禁水泡的细货卸舱上岸，换人力挑夫或者独轮鸡公车走小路捷径，到上游还珠庙再下水；下水船只到还珠庙码头因担心过滩翻船，也须将细软货物换人力走陆路到渭门再下水，以备万一翻船，可以减轻损失。船只从渭门到还珠庙上水需要三天，浅水时下行出峡也需要两天，挑夫走陆路却可一天两个来回，大量货物需要堆放在岸上等船，距离还珠庙两里路、处于陆路上的新铺应运而生，取代最初位于还珠庙岸边的旧铺，成为货物看守、往来客商歇脚打尖住店之地。加上自古而来的子午驿道也从下游渭门入子午河口，换三匹瓦可航行至子午河中游，再陆路翻越秦岭入西安；北上关中、南下四川的傥骆古道则在黄金峡上游不远，四方水陆人货辐辏，更趋繁荣，几里路长的老街就在那时形成。

鼎盛时期，这里可以上缴大宗税金，还产生了特有的自行车侦缉队，原因是下水的船只有的不肯按吨位交税，冲关顺水而下，侦缉队骑自行车经小路可以快速赶到下游堵截。逢汉江涨水，船只下行穿越黄金峡需要两个多小时，骑自行车一个小时就可赶到，有足够时间在下游堵截。由此也可见当初运量的庞大、缴纳税金的丰厚。

我们来到黄金峡镇的时候，距离它的繁华落幕已经整30

年，虽然还保留着镇政府、中学和其他一些机构，街面人气却极为寥落，没有一家饭店，我们只好在仅有的一家凉皮店填肚子。新兴的现代街道背后，保留着当初的老街，有百余米长短，两旁一色老式木板商铺门面，日晒雨淋下变成了黑色。商铺的门面都很窄，显出当初的寸土寸金，而进深很长，建成一楼一底的样式，二楼和后院都用于堆货，可见当初堆货的大宗需求。门面之间残留着风火墙，防范货物起火沿街延烧。一切都能看出当初的气派格局，只是在岁月中逐渐失去了用场，曾经开张迎客的门面被柴火堆堵塞，院落的进深也显得空旷幽暗。

80岁的梁翠兰是这条街上的住户，房子是她父亲从别人手里转买的，用于开压面条铺子。到了梁翠兰这一代，又和丈夫一起经营药铺，传到儿女手里成了老街上的卫生室。但老街终究过于衰落，卫生室也支撑不下去，移去了别的地方，只有穿绣花鞋的梁翠兰依旧守在木头老房子里。邻居们也多是像她一样的老人，维持着这条曾经繁华的老街最后一点烟火气。在一公里以外的还珠庙渡口，曾经的码头全然消失无踪，回复为荒草丛林之貌，往昔货船停泊上下货物的盛况无处寻觅。

下游的涓门村也归于平淡。街道虽然延续了一里多路，却没有一家商店和饭店，唯一一家旅店每晚收费10元，说明这里几乎没有外来者。老街的痕迹荡然无存，清一色略显陈旧的瓷砖门面两层小楼，看不出这里有过久远的历史。只有老人记得大街上曾经到处开张饭店、旅馆，还有戏台，楚勇小时候还见过青石板街道和两旁的铺板门，后来街道加宽彻底消失。村中曾经靠水吃水的人们大都出外打工，或者各寻出路。张吉全放弃摆渡之后，自己花四万多块打了一艘载重十几吨的机器货船，跑了两年看到邻近的汉白公路通了，赶紧卖掉船买了三轮车，来往乡村道路拉货。干了十来年，路上的三蹦子多了，张吉全又自学修理农用车，一直干到几年前，道路加宽之后，三轮车又少了，终究只好出门打工。楚勇在 20 世纪 80 年代末告别船工生涯做生意，承包了村里的贸易货栈，起初生意做得很大，“钱用袋子装”，后来因为不知政策被控告偷逃税款，罚了一大笔钱，最后一次收的三万多斤木耳土产公司也拒收，破产了，只好出门去新疆打工，几年后回来做庄稼，又养香菇，终究没能翻身，现在沦为村里的贫困户。上游修水坝之后，村子的未来更加无处着落，村里有心搞旅游，但往昔风貌消失得太彻底，又没有配套的基础设施。

渭门村的风光算得上不错，汉江进入黄金峡后一路收束，到这里放开了一段，地势舒缓，水面宽阔，下游又转而为峡谷。坐在小旅馆的后院里，能看到江边大树上栖息几十只成群的朱鹮，是国家一级保护的珍禽。正午运沙船缓缓经过拖曳出水纹，上游距离黄金峡坝下规划的湿地公园也不远。但失去了往昔的荣光，这里的未来，仍然笼罩在清晨低压江面的薄雾中。

2020 年一个四月的下午，和煦的春日微风吹动岘首山新建的岘首亭飞檐下的铁马，发出铮铮回响，仿佛远古羊祜和孟浩然时代的余绪。但山脚下洛湛铁路上列车不时奔驰而过，从前的江面和沙滩变为楼群、工厂与菜地交错的郊区，人们登临俯眺、生发吟咏之思的汉江退到楼群背后的远处，历代相传的坠泪碑也不知何往，说明这里早已经过了沧桑之变，不再有孟浩然笔下“水落鱼梁浅，天寒梦泽深”的意境了。

襄阳是汉水上最重要的港口，也是“南船北马”的漕运中转码头。《襄樊港志》记载，此地兴起起源自春秋时的楚国物资北运，一个船队可达 150 多艘船。西汉已经成为港口，江淮货物溯汉水转陆路运往西安或洛阳。以此为依托，襄阳发育成为多个历史时期有战略意义的城市，由此也累积了丰厚的商业和文化底蕴。习凿齿、诸葛亮、羊祜、杜预、陆抗、庞德公、孟浩然、米芾等历史人物，以及当下仍旧存留的岘首山、习家池、米公祠、鹿门山、古城墙等名胜，说明着它的长期荣光。襄阳在 1949 年以后一度改成襄樊，前些年重新改回为襄阳，看得出也是想承继这种昔日荣光。

20 世纪 70 年代丹江口水坝下闸蓄水之前，汉江航运达到顶峰，襄阳作为码头也迎来了最后的高光时刻，大量“修三线”建材由此运输，地方一半物资靠水运，还开通了武汉到老河口的客轮。“那时船很多，逢年过节，码头都停满了。”襄阳市航运局港航科人员毛成永回忆。

当时还有很多帆船和机帆船，船帆和桅杆密麻麻遮住了大半个江面。毛成永的爷爷是负责设航标的船员，对他来讲那时生火吃饭都不用担心，遇到路过的大船，靠上去就可蹭饭吃。船舶密集的另一面是污染，清冽的汉江水在港口漂浮一层污物，船员们只好用水桶把面上污物拨开，打下层的水加明矾沉淀煮饭。

随着丹江口大坝的拦腰截断，以及公路货运兴起，这条“黄金水道”在上下游都开始褪色，襄阳彻底失去了以往的帆影汽笛，却像一个不情愿退场的演员，保留着历历遗迹。

2014 年夏夜的襄阳临汉门外，空旷的江面早已不见帆影樯

夜色中的襄阳铁桩码头，人迹寥寥。

林，沿江排列的旧日码头只余斑驳灯箱，在游客头上隐现，灯光隐晦难辨，譬如“小北门”“官厅”“铁桩”，码头石阶上长满青葱荒草。岸边不见穿梭上下的乘客，只有三两洗衣妇和钓客，江水触岸传来轻微的汩汩。由于下游不远处修建了崔家营水坝，这里已经成为库区，江水的波动很轻微。堤岸遗留的系船墩和灯塔，是时光剥蚀之下保留的坚实物证。只有一艘旅游轮渡，在招徕渡江游玩的客人，仿佛往昔盛况的苍白模拟。

几年中我数次去到襄阳小北门码头，还曾乘渡轮横过江面，到达对岸米公祠堂左近，依旧是一字排开十余处旧日码头，遗留生锈的系船铁链和剥落编号，任江水涨落冲刷。疫情来临之后，游客稀落，码头的情形更为寂寥，去往江边的通道已经封闭，连渡轮也不见踪影。只有对岸的一道灯影，清冷地斜铺在空旷的水面上。

隔着一条马路，从前商号云集的陈老巷匍匐在高楼的阴影之下，体量极为不称，山墙烟熏火燎，有的门窗砖石堵塞，除了两家人气清冷的小酒馆，没有昔日荣光的一丝留存。但它已是樊城老城的幸运儿，周边的老街都被巨大的跨江大桥和耸峙的楼盘破毁，与汉江一条马路之隔的小江西会馆孤零地立于废墟之中，曾经鼎盛一时的山陕、黄州、武昌各家会馆早就在历史的股掌中残损，匿迹于校园、单位、楼群之中，几乎无从寻觅。

这里看不出历史上的南船北马和金戈铁马，自然也不再有孟浩然笔下安宁的热闹。孟浩然的墓地几经损毁，故居涧南园在襄阳已经无迹可寻，岘首山的人造风景之外，历代相传的坠泪碑不知何往，庙宇和累累荒坟分别统治了岘山的前后部分，中间隔着采石留下的巨大矿坑，除了“岘山”的公交站牌，看不出和往昔的一丝关联。只有在古城墙门洞中建造的博物馆内，一块镌有孟浩然小像的石碑，保留着他和这座城市记忆的关联。

下游鹿门山中，新修了一座孟浩然纪念馆。因为远离市区，尚存旧日清幽，但亦在紧张进行风景名胜区开发。纪念馆正在翻修，挂着谢绝参观的告示，几处仿古的门楣，虽有意做旧，却缺少时光浸润。在蒙蒙细雨和无人的寂静中，仍旧存留不住当年的隐居气息。

经过门窗紧锁的碑廊和几户农家乐，攀登至鹿门山顶，有座现代修建的望江亭。由于人迹罕至，遍地羊粪，羊粪顺着旋转楼梯延伸到二楼。薄雾之中眺望汉江，正是崔家营大坝下游河段，江面显出微白，水流停滞空旷，只有一两艘采沙船停在江边。孟浩然笔下“天边树若荠，江畔舟如月”的意境，外观仿佛，内里却有什么东西完全换掉了。

汉江航运博物馆的一幅示意图显示，航运衰落之前，从汉中到汉口共有汉中、新庄、兴隆庵、锅滩、白沙渡、散花石、茶镇、石泉、汉阳坪、汉城、焕古、紫阳、洞河、大道、安康、吕河、旬阳、蜀河、白河、郧西、夹河口、郧县、堵河口、均州古镇（已淹没）、丹江口、老河口、谷城、茨河、襄阳、太平店、沙洋、泽口、马良、仙桃、汉口等30余个港口，支流上尚有商南、丹凤、商州、漫川关、山阳、羊尾、天河口、竹溪、竹山、唐河、新野、社（赊）旗、枣阳等港口、码头。标示这些地名的小灯在示意图上闪闪烁烁，显示着汉江沿岸人类生活史的过往。在眼下平淡无奇的丹凤县，我参观过清代嘉庆年间修造的船帮会馆和杨泗庙，坐落在如今已弱不胜舟的丹江岸边，宏大的布局、庄严堂皇的门墙牌楼、巍峨耸峙的山墙和雕饰繁缛的戏台，显示了当初船帮的财力、盛况和心气，更叙述着丹江航运的流金岁月，这也是丹凤这样一座小县城在历史上的高光时刻。即使是像洞河这样不起眼的小小码头，在火石岩电站库区（今称瀛湖）蓄水后衰落已久，2007 年左右我和朋友顺汉江沿岸寻访，在街上住宿了一晚，仍旧意外地发现了保存大体完好的戏台，飞檐斗拱和雕花柱饰不乏精致繁复，说明着这里往昔的客商云集和市面繁华。毫无疑问，对于沿途世代繁衍的亿万斯民来说，不论有过多少兴衰和恩怨，汉水首先仍然是个馈赠者和哺育者，尽力给予了他们所有。

长江里的汉江船队

1980 年 11 月的一个晴天，安康城北水西门外码头举办了一次特别的送行仪式，地区航运公司的十余条拖轮和驳船组成的船队从这里起航，顺流而下前往武汉，准备在长江里运输货物，打开另一番生存局面。

这是形势所迫的无奈之举。丹江口大坝蓄水、襄渝线通车、火石岩电站动工之后，汉江上游的航运日益萎缩，开始养不活航运公司几十条船和几百号人。实际上远在 1962 年丹江口大坝截流之后，航运公司就曾经派遣三艘拖轮和 600 余吨位的货驳船过坝下行，在长江中运营，以后受“全国一盘棋”政策影响，无偿划拨给了湖北省。1979 年，航运公司再次派出一个机驳船队翻坝前往襄阳运营，作为前站。如今索性将除几条客轮之外

老照片上，郧县20世纪70年代的码头场景，千帆竞发。

的全部家底都派往长江，离乡求存。天气初肃，码头的鞭炮锣鼓声中平添了几分悲壮意味，事后看来，这些船只离开港口之后再也没有回来。

吕福成站在其中一只木头拖船的甲板上，向岸上的人挥手告别，脚下的船只正在荡漾着离岸。一年之前，他驾驶第一批船队去襄阳打前站，此时又跟随这支船队南下。襄阳的船队因为吨位小，不适于在长江航行而卖掉了，所有船队人员都随大队前往长江，会合后一共有 80 余人。

为了适应长江，这支远航船队可谓花费了家底精心打造。其中三艘拖轮是申请贷款在武汉定制的铁船，另一艘拖船是从安康开下去的木船。驳船则是从前的货船改造的。整个航运队分为四支船队，每支船队由一艘拖船顶托两只驳船，120 匹马力，运量 500 吨，有似小马拉大车。

吕福成是其中一支船队的船长。船队的业务上起宜昌，下远至上海，还北上大运河和进巢湖，鄱阳湖、南昌、合肥、徐州都去过，运载的货物主要是粮食、钢材、木料和磷矿石，上水回程时大部分放空，偶尔带些粮食和砂石料，保住油钱。进入长江之初，业务不错，整个安康航运队都靠支这支远征船队供养。但时间一久，船队的劣势渐渐显露出来。

一是设备落后，不具备夜航条件，有时却要冒险跑夜航。杨居寿 1987 年分配到武汉船队工作，上船不久遭遇了一次惊险的撞船事故。当时船队从武汉运输菜籽饼到南通，行驶到九江上游，天已经黑了，船上没有雷达、罗盘和用来辨认航标的探照灯，但还没有赶到泊船的地方。当时担任轮机工的杨居寿刚刚交班，船长看错了航标，走到了上水的航道一边，遇到了上水的长航2511号货船，这是有500匹马力的大船，拉了两个驳船，顶了一个重载驳船。那个驳船迎面把陕西船队的驳船顶进去1.5米，刚刚在铺位入睡的杨居寿在巨大的撞击力下醒来，铺上的棕床垫都震出来一大截，杨居寿头脑发昏，船头瞭望的船员胸膜淤血发黑，住进了医院。下面不远就是正在修建中的九江长江大桥，如果船只顺水漂下撞上桥墩，后果不堪设想。杨居寿瞥了一眼岸边的老柳树，心里想不行只好下水，逃得一条活命。汉江船队的电停了，驳船上的水手没有对讲机，只能拼命敲盆子来发出警告。杨居寿下到轮机舱，轮机员摔倒在地流血不止，杨居寿合上跳脱的电闸，打开船上的灯光，接通气管拉响了汽笛，对方也拉响了汽笛，告知这里发生了事故，避免了连锁反应。两支船队上的人一见面，对方说，你这个小船不要命了。两支船队就地抛锚，等候天亮处理，一共停了三天，杨居寿前往九江海事局处理事故，赔偿了对方1000多块钱，驳船船头碰出的大洞自己用快干的水泥临时修补起来，外头又用篷布包住避免冲刷，回去找保险公司赔偿，返厂修理，船队付出的额外代价则是打点关系，送了有关人员一台紧俏的电视机。

剩下的船只继续前行，又在江阴遇到大风。联结船队的钢缆绷断了，船队散开各自漂流，几艘驳船钻进了芦苇荡，只好请当地渔民开小船进去，把驳船拉出来重新编队，千辛万苦总算到达了南通卸货。

类似的事故时有发生。有一年夜航，对方打了双闪灯，这边顶着两个驳船视线不好，仍旧一头撞上去，撞出的洞人都能钻进去。还有一次船队从码头起航，因为吨位小船舷低，一个老船工站在船尾边缘，被船舷高的大船一挤，人被挤死了。这是在长江里死掉的唯一一个汉江船队船工。

船只吨位小，航速慢，竞争不过长江航运局和民生公司的大船，也不如当地个体的小型货船灵活。长航的大船薄利多拉，运费可以低到一吨货每公里几分钱，而陕西船队低于一毛八就要亏损。运费往往只预付 80%，余下的 20%总是讨要不回来，又不能像个体户小船一样有点货就能走。船队基本不敢跑宜昌的上水货，因为江水流速急，江面窄，这样一来也就没法参与三峡大坝的修建业务，往下游运货回来，也不敢拉货，因为拖船马力小，航速太慢，只能有时捎一些粮食和砂石料，保住返航的油钱。船队不敢夜航，还大大影响了跑单的时间。业务员不是当地人，人脉关系不广，又给不起回扣。长江里的船多了，接单也越来越困难，能到手的都是三手四手货源，没有利润。

吕福成第一次下去在长江里待了六年，时当改革开放之初，长江里的船少货多，陕西船队的日子过得还不错。1986 年吕福成调回安康开港监船，六年后再度下去，这时武汉船队的状况已经不行了，吕福成升任经理，担负了重振船队的任务，但已经力不从心。船只老旧报废，木船拖轮和后来另造的一艘拖轮已经退役，还能使的每年要维修个把月不能跑，船队规模一再萎缩，由最初的四支船队一路缩减至一支船队三艘船，越跑越亏，入不敷出，船员由早期的固定工资加奖金转为无底薪只拿提成，再到根本发不出工资，人员日渐流失。

2000 年，已经升任安康港监局副局长的许伯昌去武汉视察船队状况，看到的情形让人心酸。船队船只由于过了大修和报废年限，已经被武汉海事部门禁止航运。船队办公室租住在汉口一处很小的旅社里，长期拖欠房租，一位白河籍船长蓄着无钱修剪的长发，拉着调子凄凉的二胡。船身锈迹斑斑，货船甲板上晾满了留守船员的衣服被褥，被子全都破烂得露出了棉絮，船员没有生活费，一边看船一边上岸捡烂菜叶子，“和叫花子没区别”。 此时大部分的船员已经流失，自谋出路了，连身为党委书记的吕福成也没有坚持住。

汉江船队远赴长江的生活非常辛苦。长江的水浑，只能洗涮用，做饭喝水要到沿江的小河里去取。长江江面宽阔，码头相距遥远，没有汉江上便利的补给条件，有时一连航行许多天，船员们没有菜吃。更主要的是长期离开家乡，一年只有一个月探亲假期，思乡的情绪蔓延，难以恋爱成家，已经成家的又面临两地长期分居的困境。

吕福成是在远赴长江之前结的婚，妻子也是白河县人，在陶瓷店卖货，一人在家抚养两个孩子。船员一趟出航个把月，船上没有海事卫星电话，有一次吕福成驾驶船只从上海返航，到了武汉的单位看到一封多日前拍来的电报，告知父亲病亡。吕福成没能参加父亲的葬礼，只有老家单位派人慰问。船员没有收入加上思乡心切，纷纷放弃工作自行回老家，自谋出路，很多人种地或者做小生意，船队只剩了零星几个人。坚持到1998年，身为船队书记的吕福成也放弃了工作，离开武汉返回安康，和妻子一起摆小摊卖百货度日，从此告别了水上漂泊的日子。

2000年去长江船队考察之后，许伯昌回到安康提出了两套解决方案：或者彻底大修，需要一大笔维修经费；或者停止航运，变卖船只。港监局采纳了第二种方案。2001年，船队就地解散，船只被变卖给了个体户，政府减免了从前打造船只申请的贷款。一段持续了20年的汉江船队远征长江历史，就此落下帷幕。

航标员

88岁的段辉住在襄阳市航运段老家属院的一幢居民楼里，因为腿脚不灵便很少下楼。60岁以上的人提到他称呼“段书记”，但青布白发的他身上，透露的仍是长年水上生涯的气息。

在退休以前的岁月，段辉是汉江上的一名航标员。他出生在船上，家里四世同堂都是船民，专跑从襄樊到汉口往返的航线，下水贩运陕西出产的核桃、木耳、桐油，上水则运送食盐、糖、工业品和生产物资。家里的船是帆船，载重8吨，12米长左右，3米来宽，有风跑风，无风拉纤，亲属各有分工：爷爷掌舵，父亲拉纤、卸货，祖母和母亲烧饭，年纪小的段辉扫舱洗船，有时也钓鱼给家里吃。船上还有两个姑姑，一条不是很大的船上住了三代七口人。段辉从10岁就开始拉船，从汉口一直到襄阳，“那跟农民差不多”。

段辉12岁那年父亲去世，去世的原因是天冷时帮人卸货，出汗之后又受凉感冒，发展为伤寒不治身亡。父亲去世后，母亲再嫁，爷爷年纪大拉不了纤，一家人失了主心骨，船上生计无法继续，只能上岸在武汉郊区一个叫黄金堂的地方定居，由祖父祖母带着段辉一起生活，直到1952年段辉满了16岁，参加招工成为修建汉江大桥的工程船上一名水手，后来又抽调到航道段，做一名航标员。

段辉比较民国、新中国成立初和当下的汉水航运情形分别是：有航无道、有航有道、有道无航。民国时期汉江没有航标，船工靠经验驾驶，航道叫作泓，大船上有一个负探测河道深浅的人，叫作摸泓员，站在船头用探杆测量，探杆中部有一面红旗，如果河泓太浅探杆触底，红旗会倒，船要赶紧转头停驶，如果红旗不倒可继续行驶。直到 1949 年以后段辉成为船员，这种方式还通行了一段。

国家开始改善航道之际，段辉和同事们的工作是布设航标。航标分设在顺流方向的左右两侧，航标之间的水道可以通行。库水水位低于 1.45 米要设置航标，流水只需 0.8 米即可行船，但载货 100 余吨的大船航行需要吃水 1.2 米左右。没有筑坝之前，汉江中下游最深的水位不过 1.6—1.7 米，最大的通航船只载重 200 吨。先进的布锚船只带有液压绞盘下锚装置，但在段辉这样第一代航标员的时代，不过是一条木头小划子，还比不上家中原来的大船，一切全是人工。

小划子一共三名船员，一名舵手，一人拦头撑篙，一人岸上拉纤。段辉是主管航标员，负责下标和维护。初期航标和小划子一样简陋，岸标是个圆圈绑在树上，水标顺水右边是面三角小红旗，绑在水下的铁丝锚上，左边是一个圆球，以示区别。20 世纪 60 年代以后岸标进化成杉木杆子钉木牌，水标变成桐木三角，分左右手漆成白红两色，到了“文革”结束前后才做成铁质“青蛙浮”，上面安上铁质锥体标志，成为正式航标，到了 20 世纪 80 年代才发展成航标船，依旧是水底用带铁链的锚石固定，安装用上了液压绞盘，在这之前都需要段辉和同事们使用人力。

航道深浅随时变化，航标布设以后需要经常维护和移动，小船随时在汉江上下，下水时段辉是划桨的水手，到了上水时他就是纤夫，还不能借风使帆。有时小划子上只有两个人，轮流掌舵拉纤。身负主管航标员美名，干的还是老本行的活，“造孽得很”。小划子一出去十天半月，做饭住宿都在船上，“日守滩头，夜守孤舟”。生火烧的还是木柴，满船发烟，睁不开眼睛，晚上睡觉蚊子多，船小又撑不起蚊帐。喝的就是脚下的汉江水，枯水期直接饮用，涨浑水时船上有个水缸，打一缸起来，放上明矾沉淀。段辉形容这段生涯是“三水”：工作起来流汗水，做起饭来流泪水，下起雨来流雨水。一直干到 20 世纪 70 年代，才换成了机动航标船，彻底作别了拉纤岁月。

虽然辛苦，段辉的航标员生涯也不乏光彩，除了在汉江上布设最早一批航标，他还干了几宗自己觉得有意义的事，第一位的是救人。

汉江多滩，船只容易搁浅倾覆，船翻后人起不来，有时一家子人船两空，看去很残酷。遇到翻船的情形，段辉会把小划子靠过去，救起人来，“救得还不少”，其中主要是小孩。谈起这件事，已届暮年的段辉显然感到安慰。

另外一宗是炸礁，改良航道。有段时间段辉被借调到丹江，亲手炸过丹江下游均县黄瓜架的卧牛石。这块石头正处河心，有一间客厅那么大，时常打沉船只。工人把炸药包安置在石头四围，段辉操纵电线遥控起爆，待在上游 500 米处，看到红旗一举，就把手中的电瓶盖子打开，右手按在电极按钮上，另一只手还没有按上正极按钮，由于电磁感应就起爆了，让段辉心中一惊。一时碎石漫天，尘雾腾腾，卧牛石四分五裂，从此不足为航运之患了。

就航运来说，段辉认为他一生中最值一提的事情，是为运送火车头的轮船耙泓疏通航道。20 世纪 60 年代修建丹江口水库时，从襄阳到丹江口修建了一条专用铁路运输物资，当时襄阳还没通火车，两头都没有联结全国铁路网。火车头怎么运进去，就成了很麻烦的问题，卡车完全拉不动，只有船运。一艘叫作“长江”号的轮渡被临时征用，负责把火车头从武汉运到襄樊，但是船的载重达到 500 吨，当时汉江的航道标准不够，从钟祥往上遇到浅滩过不了。为此上马了一项耙石工程，由段辉带领十几个人在前方开道，拿着铁耙把卵石扒到岸边，大船随后通行。为了完成这项紧迫的任务，段辉带着伙伴们昼夜干活，“整整有一个半到两个月没有睡觉”，硬是为轮船耙出了一条直通丹江口工地的航道，没有耽误工期。段辉感到光荣的是，当时报纸上报道这在世界上是个奇迹，但也有不满，“关于我一个字也没提”。

以后沿汉水修襄渝线，施工全线开花，打了 100 条水泥船运粮食物资，由于丹江口以上浅滩更多，遇到了和当初运火车头相似的问题，郧阳航道段找到段辉，段辉把从前耙石工程的图纸和方案全给了他们，郧阳航运段依样成立了三个耙石组，疏通航道，保证筑路人员生活物资运输。“你说这算不算一件值得表扬的事？”半个世纪以后坐在陈年的圈椅里，稍稍挪动着不够灵便的身躯，段辉微笑地向我提问，脸上层叠的皱纹一下子似乎又增添了很多倍，每一条里埋藏着一件船工岁月的往事。

段辉提起，有一次湖北省航运史编撰委员会到家里来访问，他禁不住大声疾呼，为了汉江这条母亲河，河上千百年来的船工，“他们承担了航运的任务，但历史中无人问津，眼下他们还有人在，我就是这样一名船工。”

未来的成色

许伯昌的办公桌上，摆着一只机动船船舵，带着影视屏幕上红黑相间的漂亮花纹。

这只船舵寄寓了他对恢复汉江“黄金水道”荣光的某种念想。虽然江上早已少见航船的踪影，但汉水作为内河航运动脉的图景，从来没有从相关规划上完全消失过。

作为后者最大的支流，汉江的命运和长江联系在一起。1991年全国人大通过的《八五计划纲要》交通运输部分提出，大力发展内河航运，建设长江干线及主要支流。2012年，国务院批复了水利部会同交通部等多个部委联合制定的《长江流域综合规划（2012—2030）》，提出以“黄金水道”支撑长江经济带的设想，其中在航运部分提出，一些长江支流出现碍航闸坝；有的通航河流水利水电设施没有同步建设通航建筑物；有的虽修建了通航设施，但设计标准偏低；有的水电站下游船舶航运困难，甚至时有断流；有的地方修建铁路、公路时，弃碴于航槽，使航道条件恶化。凡此种种，均使通航里程缩短，航运受到影响。规划中提出逐步形成以长江干流为主体、干支畅通的航运系统，特别提出汉江上连安康下接武汉，中间通过丹江口，向北经“南水北调”中线，组成我国中部一条纵贯南北的水运干线，逐步形成300～1000吨级干支直达水运网。汉江远景规划汉口至丹江口按三级航道，丹江口至安康按四级航道，安康至洋县按五级航道建设，需改建安康通航设施，修建石泉通航设施，改、扩建丹江口升船机，结合王甫洲枢纽，改善中、下游航运条件。设想中汉江担负的一个比较重要的任务，是北煤南运。2020年，交通部印发《内河航运发展纲要》(2020—2050)，提出打通南北向跨流域水运大通道，形成汉湘桂通道纵向走廊。这相当于重现汉代时期从南越至长安、洛阳“两京”的水路通道。

汉江自身也没有被完全遗忘。在交通部20世纪90年代初主持编写的《陕西航运史》中，章节标题出现了“挽救汉江”的呼声。在此之前的20世纪80年代中期，国务院曾两次邀请西德专家专程考察汉水，这件事情也出现在汉水沿线城固县的“大事记”中。西德专家将汉水比作德国的莱茵河。与此同时，交通部部长钱永昌领队的考察团也实地考察汉江，提出“挽救汉江，恢复汉江航行”，特别是汉江上游通航的意见，具体的建议是两步走，近期安康至湖北郧县建成通航100吨级的六级航道，安康以上通航50吨级船舶；远期安康以下建成三级航道，通航千吨级船舶，汉中至安康建成通航300吨级船舶的五级航道。当然直到今天，建议中的近期目标也还是预期，只是进行了一些零星的航道整治和港口建设投资，其中关键仍在于电站控制水流和大坝碍航问题。

比较而言，汉江中下游的复航显得更为现实。由于河床水位落差小、江面宽，汉江自丹江口以下的电站皆为低坝，方便建造船闸，相比起升船机来说过坝方便得多，这为复航提供了起码的条件。襄阳市港航管理局副局长李冲介绍，按照南水北调后汉江航运规划，汉江中下游武汉到丹江口的通航能力要达到三级，通行1000吨级船舶。但比较可靠的是从武汉到老河口王甫洲坝下，以上到丹江口还有困难，原因是王甫洲大坝最初是仿照丹江口设置升船机，十几年前改建为船闸，但只能通航

300 吨船舶。王甫洲大坝以下已建和在建的水坝一共有崔家营、新集、碾盘山、雅口、兴隆五级，都是按三级航道设计船闸，首尾相接。近年来湖北省进一步规划，汉江从襄阳铁路一桥往下至汉口提升为二级航道，通行 2000 吨货船。

在梯级开发的背景下，规划中的汉江航道和过往水道已经大不相同，大部分由河流变成了库渠。汉江河道被大坝切割为一个个梯次下降的独立库区，船只经由船闸在一段段库区中航行，更近于东线大运河的场景。相比于传统的自然河道，这样的航道有优势，也有缺陷。优势在于水位加深，水道变宽，风浪减小，可以通行的船舶吨位变大，航行少了搁浅风险，也不受上下水的限制。缺陷则是过坝耽搁时间。李冲介绍，过闸长度约在 200 多米，理论上说船只过坝大约花费半个钟头，但实际中大坝方为管理方便和省水，会要求单独船只等待，一次性过几艘船，等待时间难以确定。

传统的航运从襄阳跑汉口，一共 524 公里航道，水好的话需要两天时间，返程上水则需要五天左右。改为库水渠道之后，船只下行的速度约在 12～15 公里，加上通过船闸时间，大约也需要两天时间，返程三四天，理论上说拖到一个周也正常。两相比较差别不大。传统航行依靠驾长经验，可以夜航，眼下汉江没有安装发光航标，不具备夜航条件，首要还是解决航道水深和宽度问题。

在王甫洲到丹江口大坝这一段，问题更为突出，丹江口属于高坝电站，平时蓄水导致下游枯水期太长，集中发电时又猛冲猛泄。南水北调后坝上水量被调走接近三分之一，枯水期长的问题更为突出，因此修建了王甫洲大坝反向调节，但王甫洲的大坝库容仅为丹江口的1%多点，调节能力有限，需要上下游精准配合。

翻越丹江口大坝非常困难。大坝没有修建船闸，过坝设施为升船机，只能提升150吨级船舶，且长久闲置。即使按规划改造为300吨提升能力，也赶不上两头的航道规划吨位，成为一个天然的关卡，将汉江航道区分为上下两截。襄阳港航局人员毛成永介绍，丹江口大坝升船机有改造的规划，但没有时间表。

从丹江口大坝往上，复航难度成倍增加，原因是上游电站多为高坝，多数电站没有修建船闸，以升船机作为替代，或者没有通航设施。这使得汉水航运客观上分隔为丹江口坝上和坝下两个单独部分，坝上一直到安康的航道设计为四级，通航500吨级船舶，安康至洋县为五级，通行300吨级船舶，但这在眼下还非常不现实。汉江陕西段境内的白河电站是汉江上游七座梯级水坝的第一座，在最初的规划中设计了500吨级船闸，而一期仍按300吨级升船机建造，二期船闸工程仍在施工中。让许伯昌不满的是，上游的第二座梯级水坝蜀河电站修建于21世纪，按照设计要求兼顾航运与发电，并预留了升船机坝址排架，水上却没有修建升船机，更遑论船闸。这客观上直接阻断了规划中的航路。2014年陕西省“两会”期间，曾有来自安康的人大代表就此提出建议意见，航务局和水电部门为此进行了多次协商，至今仍未解决。

再往上游，旬阳水电站起初的通航设计是修建船闸，后来却变成了升船机，工期由于征地、环评和资金等问题一再推迟，2020年6月我前往探访时仍在施工。许伯昌透露，当时设计通航设施方案时，前往考察的交通部专家提出，升船机在当下的水坝通航设施中早已落伍，如果旬阳电站选择了升船机方案，“将是中国水电站大坝最后一座升船机”。但电站建设方仍然舍弃了船闸，理由是修改设计困难，需要大坝加高，会增加淹没区等，但真实原因不外乎船闸运行费水，升船机省事。当时许伯昌拒绝签字，提出“我是航务局局长，要对历史负责”，但仍旧未能改变事态。

即使这几座水坝的通航设施全部完工，依照以往升船机的使用效果，安康至丹江口坝上能否实现四级航道也是极大的疑问，更何况蜀河电站成了一个死结，要让已经蓄水发电的电站排干库容补修升船机或船闸，代价阻力之大可想而知。

安康往上至洋县的航道，修建于20世纪70年代的火石岩电站，虽然建有100余吨级的升船机，却早已报废。再往上的喜河电站修建于21世纪初期，设计中有50吨级升船机，实际没有修建。更往上的石泉电站也是设计了升船机通道而实际没有安装。再上游到了汉中境内，汉江第一座梯级电站黄金峡水坝设计了100吨级升船机，至今尚在施工状态。相比起安康到丹江口坝上的航道规划，这段航道离通行300吨级船舶的前景更加遥遥无期。

有关石泉电站和火石岩电站的升船机修建和改造问题，《陕西航运史》记载，20世纪80年代相关部门即进行过磋商，据记载，“有些问题已取得一致意见，水电部门亦认为改造在技术上是可行的……总之，问题解决有望”。但从现实来看，改造并未落实。这里面提到的“有些问题”，包括过船设施的管理方争议。眼下的内河航运过坝设施大都由水电部门兼营，水电部门

在建中的旬阳电站。2020 年。

以发电为主，没有考核动力，船只过坝由应该免费而变为收费，这是升船机闲置的原因之一。许伯昌介绍，三峡和葛洲坝的船闸是交通部门在运营，另外一些地方是交通和水电部门联合管理，以交通部门为主。汉江上也应按此运行，因为升船机和船闸虽然由水电站建设，但属于河流通航设施，不应由注意力集中于发电的水电部门管理。实际上丹江口大坝升船机起初即是两部门联管，但由于水电部门的强势，眼下汉江上的现实是水电部门全权，航务局被撇在一边。

水坝的障碍之外，航道的恢复另有一个拦路虎，是采沙。“挖得稀巴烂”。提到安康的航道被采沙破坏，许伯昌如此描述。从安康东堤上眺望，江面成为连片的沙堆，几乎看不出来一条大江的原貌，黄金水道的记忆更是昨日残梦。

河道采沙兴起于经济起飞、公路交通兴盛的20世纪八九十年代，和航运的衰落大体同时，三者有某种连带关系：公路铁路修建中往往沿河倾倒渣土，破坏了航道，从一个方面导致航运衰败，航运衰落后航道失去维护，沦为采沙场。采沙进一步破坏航道，导致航运更形衰落，形成死循环。

襄阳港航局毛成永介绍，采沙对航道的破坏非止一端：采沙船占据航道，又把固定用的锚索牵引到岸上，挡住半边航道无法通过；吸沙管口只要细小砂石，大石头遗留在江中，慢慢形成一个个水下鼓包，对于航行来说极其危险。同时采沙挖空了堤防根基，导致溃坝危险。襄阳郊区汉江和唐白河交汇的刘集一带砂石资源丰富，很多采沙船集中于当地，占完航道，货船不知如何经过。航道局执法，要求他们撤离，但操作起来很困难。执法船数量不够，装备不足，“他们打游击，去了他挪一下，你一走他又回来”。航道局执法的是大船，遇到采挖区水浅过不去，采沙船灵活，躲进汊道一年四季开采。

更深层的原因则是，采沙是一块出油的肥肉，但采沙权的许可和管理权限并不在港航局，而是水利部门，港航局只能在市政府组织下联合水利部门搞运动式整治，日常状态下没有过硬手段，即使卸了采沙船的电瓶，很快又会装上，不能有效禁止。毛成永的同事们执法中还遇到过船主跳江逃跑的突发事件，因缺乏警力而难以处置。

采沙船的前期投入大，买船和办证成本动辄上百万元。采沙利益巨大的原因，是采沙船一般会同时采金。汉江沙中多金，安康古称金州，源出于此。在汉江上采沙，几乎都是同时采金、铁。

汉江采金潮20世纪80年代即已兴起。在我的少年时代，即使是家乡太平河这样的小支流，也有采金人群溯流抵达，手持最简单的摇沙箩和洗金床，一天下来淘出几粒沙金，得到几块钱十几块钱收入。知情人回忆，当时在沙金资源最丰富的汉阴县，连已经耕种多年的稻田也被人翻掘过来，用挖掘机采沙来淘金，人人都在绵延千万年的汉江身上看到了一夜暴富的希望。

20多年前，渔夫老杨也有过一段淘金生涯。他介绍，手摇床淘出的金沙太细，要掺水银进去，水银会吸附金子，凝结成颗粒，放在火上一烧，水银蒸发，留下的就是成形的金粒，可以拿去卖，当时国家收购，好的情形一天能淘到两克金子，值价百十元。通常是两三人合伙干，还有十几人搭伙的。淘金要趁冬天水退，站在冰冷的水里劳作，老杨因此落下了风湿，手指关节变形，像遍布疙瘩的生姜。后来发展到用机器大规模挖

汉江上的采沙船。

掘，一边采沙一边淘金，地毯式作业，老杨这样的零星淘金人就被淘汰了。

20世纪80年代初期，楚勇所在的渭门村组织了采金队，作为与航运并列的副业之一，用粪筐担沙。以后包产到户，采沙成为个体行为，楚勇跑船往来黄金峡，靠岸装柴看过别人在峡里采沙，在石头缝里用小耙子挖沙，起初觉得不如自己跑船卖柴火挣钱。后来闲谈中得知，淘金者一天可以整到两三百元，比自己跑船的收入还高。黄金峡的沙金有特点，由于水位落差大造成金子沉淀颗粒大，成色好，只是大石太多不好下手。曾经在一个石缝里，淘金者挖出来一点点沙，就卖了30块钱的金子。关于鳖滩的龙王庙还有个传说，鳖背上有个凹，庙里的老和尚因为食粮不济祷告，早上发现凹里有黄澄澄的金子，拿去换钱正够度过饥荒。花完了再一看，凹里又有金子了，不多不少。庙里小和尚起了贪心，把出金子的凹槽炸大了一点，结果再也没有金子了。

传说中人的贪欲需要节制，现实中采金的浪潮却无法制止，外地人大举前来，掷巨资一赌运气。在渭门村上游的汉江河道旁，原本有一个很陡的河沟，现在看上去只是缓坡，当地人介绍，安康来的淘金人将挖掘机搬到采金船上，猛采了两个月，采过的沙石倾倒在河沟里，将陡壁填成了缓坡，直到国土局的人前来制止，采金老板说他因此赔了十来万。直到2000年后采金因为破坏河道被国家禁止，仍然有人私下采挖，有人发家，也有人因此坐牢，至今在洋县县城外的河滩上，还遗留着大型机械采金遗留下的铁制洗金床，锈蚀斑斑的外表透露着那个年代的晦暗内情。

以后采金成为采沙船的标配操作，襄阳港航局人员介绍，在2007年至2009年，采沙采金潮曾经再度疯狂。近年来为了维护河道，汉江上游曾经几度禁止采沙，引起采沙船主的不满和抗议。以后水利部门收回承包权，特许一两家下属单位经营，但采沙对航道的影响无法彻底改观。在人们追寻的财富的金色里，并没有汉江“黄金水道”的未来。

在许伯昌看来，水运效益并非低于陆运。运量大，超出公路很多倍。不像公路一样占用耕地，水路是母亲河提供的几乎无条件的恩惠。毛成永分析，近年汉江货船的运价是每千克0.14元，不足公路运输单价0.45元的三分之一。如果航道改善，货船的通航吨位进一步上升到1000～2000吨级，水运运价更可降低到每千克3分至5分钱。开通汉江长江直航后，经济上会更划算。长江“黄金水道”支撑沿江经济带的作用，也可以在汉江身上重现。

按照湖北省的规划，未来几年将开工建设武汉至潜江的2000吨级航道和兴隆枢纽2000吨级二期船闸、王甫洲枢纽1000吨级二期船闸，襄阳以下航道的状况可望大幅改善。但从规划到现实，其间还需要庞大的投资和不菲的时间。

眼下作为长江的第一支流，汉江航运远远落后于在内河航运规划上地位相同的湘江，直到2016年，一年3000万吨左右的运力只是湘江的五分之一，落后赣江更多。在湘赣二江的航道等级不断提升、运力增加的同时，汉江航运尚没有摆脱衰落。近年来我多次在汉江沿线上下，但即使是在汉口和兴隆枢纽坝下，也没有看到过多少船只航行，汉口从龙王庙往上两岸的连绵码头完全消失，更不用说上游航运几乎完全消亡。

和历史上“南船北马”、漕运干线的地位相比，眼下的汉江过于寂寞，需要早日恢复“黄金水道”的成色。许伯昌心里有一个愿景，他看到汉江水道库区化之后，带来了旅游客运发展的机遇，眼下主要存在于安康上游瀛湖、紫阳、石泉库区，疫情之前的年份，全年接待游客 160 万人次。2018 年，我在喜河电站库区所在的后柳古镇码头，目睹过豪华邮轮满载游客驶离码头的场景，其中有来自西安和重庆的游客。许伯昌期待，等到旬阳水库蓄水，回水一直到达安康城区，形成长达上百里的“安康湖”，会形成很闪亮的旅游名片，招徕更多的游客。“传统的客货运衰落了，但旅游运输上来了，这是汉江的重生。”

当然这份前景仍然受到各道水坝过船设施的制约。譬如蜀河电站蓄水后，旬阳县航运社 2016 年投资购置了三条旅游客轮，开辟从旬阳县城（太极城）到蜀河古镇的旅游线路，但开行到蜀河镇上游两公里处的蜀河电站大坝，电站没有修建升船机或者船闸。从大坝到蜀河古镇的接驳成了大问题，这条旅游线路因此一再亏损，最终停止，旅游客轮闲置。“安康湖”蓄水之后，从安康到旬阳的旅游航运也会面临同样的问题，旬阳电站坝址在旬阳县城上游几公里，电站没有船闸，而升船机过坝繁难，从安康直达旬阳县城（太极城）的旅游航运可能难以实现。当然安康的旅游客船想要往上走，进入瀛湖和喜河库区，也会面临大坝的阻碍，只能在各个库区的范围内分断运营。

比起汉江水道千百年来的极尽繁华，这份旅游客运的愿景，也只能算是黄金岁月的反光了。

鱼的记忆

少年佝偻在泽口港覆满黄蒿的堤岸上，一言不发地望着迂回平缓的江面。站久了，他蹲了下来，目光却没有离开。自小在渔船上生长的他，似乎仍对这条江抱有长年的疑问，成了他失声的原因。脚下浑浊的江水，和他一样缓慢无声，对人世报以汩汩的沉默，似乎给他带来了更大的疑团。

夕阳下几许荒凉的泽口港码头，一旁是老旧的渔场职工宿舍和废弃鱼池，另一侧则是外表黯淡的原潜江航运公司家属楼，从汉口至潜江、钟祥的客运航线停运多年，公司倒闭，只有锈蚀铁门上剥落的黄色五星，透露昔日荣光。附近泽口化工园区浓重酸腐的气味飘来，到了江边才逐渐消散。白天外出捕猎的渔船已经归来，三三两两停靠在滩头，低矮的船篷之下，是渔民们起居的空间。其间栖身的，有岸上少年的父母。

长年住在船上的渔民老肖正在煮水烧茶，作为一天劳累后的补偿。

“以前我们直接喝江水，味道清甜，不坏肚子。现在喝长江水，要烧开。”他颇为遗憾地说。

他的妻子在船头清理粘网，收纳一天辛苦所得。除了一盆底半大不小的鲌鱼，船帮上还有一撮从网上摘下来指头大的废弃小鱼，被泼水冲掉。粘网的网眼密到了小鱼苗都钻不过去的程度，长度则可达几十米。如此竭泽而渔，也是渔民的无奈之

泽口，渔家哑巴少年蹲踞在汉江岸上。

举。汉江中上游梯级建坝之后，鱼类洄游通道中断，以“四大家鱼”为代表的鱼类产卵和繁殖数量大幅下挫，不得不靠政府每年投放鱼苗来维持，长到半大就被渔民捞起来。

“年轻时一天打几百斤，现在一天整几斤鱼。”回忆往昔的“黄金时代”，老肖脸上的褶皱里写满今昔之感。

夜幕降临，老肖换下了水上的衣服，和几个伙伴一起上岸，“进城去玩儿”。他以前是渔场的职工，今年48岁，却有了30来年的打鱼史，年轻时可以一次打200～300斤，渔场的总产量则高达十余万斤。20世纪90年代渔场倒闭，他继续待在船上，江里的鱼却越来越少。他这辈子没干过别的，无法上岸，也没有社保。

夜色之中，老肖和伙伴们站在灯火寥落的街头等车。路旁一家理发店里，朦胧灯火和几个顾客的身影让他们有些钦羡，店主是从前的船上伙伴，在岸上找到了这份营生。他们搭上了中巴，穿过空气重浊刺鼻的泽口工业园区，向十多公里外热闹的潜江市区驶去，打算在那里消磨半个晚上。和老肖一同坐在最后一排靠背的，是一对恋爱中的渔家少年男女。

赶在最后一辆班车出城之前，他们还得搭车回来，回到黑暗中的船上，换上渔民的衣服。前方热闹的灯火，掠过他们的面容，却并不属于他们。

水上世家

2020年9月，我再次来到泽口港，六年前的情形已荡然无存。

依旧从潜江城区打车前往港口，沿途风貌变化颇大，只有百度地图上如昔的铁锚标志让人安心。经过泽口工业园区的显眼标牌，空气中化工厂的酸腐味道再度飘至，相比六年前有所减轻，不过真正大为改观的是港口的面貌。接近百度地图目的地，通向昔日码头的道路被一道铁闸门锁闭，港口无处寻找，船舶不见踪迹。航运局凋敝的家属大楼、路旁锁闭的仓房铺面、鱼种场寂寥的社区和荒凉的港口滩涂一起消失，覆压在新建的沿江大堤和绵延绿地之下，汉江退到了不可触及的远处。没有一丝一毫的痕迹，证明六年前那个暮色中的场景存在过。

这实际上符合我的某种预感，自从长江和汉江流域禁渔十年的政策下达，那些渔民已经不可能维持当初的生活状态，只是眼前的情形变化得太彻底。铁闸门贴着严禁翻越的标志。我无法透过树林看到昔日码头的现状，只好顺着新修的大堤往下游走上一段。路上遇到一个遛弯的老人，问他渔民去了哪里，他说都收船上岸，200 多户都搬到渔民小区去了。但他并不知道小区所在。

我在手机里翻出老肖的电话，试着拨过去。号码还是通的。一段提示音过后，传来记忆中老肖惺忪又方言味浓重的口音，说是他上岸三年了，搬到一个叫三江明月的小区，住着政策性的廉租房，自从渔船被收一直没有长期职业。听起来他像是刚刚睡醒，还带着没有完全醒的醉意。我跟他约好了回头去拜访，继续沿着大堤走下去。

从大堤上可以远远看见江面，显得比几年前平缓了很多，几乎看不出流向。没有渔船和渡轮，只有运沙船在缓缓移动。从闸门开始的栅栏一直向前延伸，走出一公里多终于看到一条拐向江边的小路，泥泞的路面上布满了摩托车的辙印，或许是去钓鱼的。小路穿过树林终于到达江岸，完全没有上次来的草坡和沙滩，只见一片宽阔的消落带，淤泥没过脚踝，很难穿越过去走到真正的江边，唯一的办法是踩着钓鱼者留下的深深脚窝，他们伫立不动的背影，是空旷江面上唯有的景物。

早先在汉口龙王庙的两江汇流处，我已看到过有关的告示：十年禁渔期间，钓鱼是唯一被允许的捕捞活动，严格限定一人、一竿、一线、一钩。这里也竖着同样内容的蓝色警示牌。

沿江便道旁蚌壳成堆，不知是否是人类捕捞的产物。便道一旁传来橐橐的斧头敲击声，意外看见一只晾着的渔船，一个中年男人正在修理它。

船身是木制的，带有略微翘曲的弧度，船帮斑驳发黑，显示它搁浅在青草地之前经历的岁月，似乎是整个汉水上最后遗留的一艘。中年男子将支撑船帮的横木刮出白生生的茬口，使旧船看上去新鲜了一点，和先前这里所有的渔民一样，他也姓肖。

肖某说，这里所有的渔民祖上都非土著，来自遥远的江西。洪武帝开国年代，祖辈撑船溯长江上行躲避兵灾，又入汉口一路来到这里一个滩头，祖人把船系在一棵大柳树上，随手摘下柳枝插岸，没过两天就发芽了，由此觉得这是生息发旺之地，决意长留，改地名为肖滩，世代繁衍，从未上岸落户，与本地人不搭界，形成了上百户人的规模。

从 20 世纪 50 年代土改开始，肖氏家族的渔民们有了国家身份，成为汉江渔场捕捞队的职工。到了 20 世纪 60 年代后期，渔场职工下放，在农村种了几年地，实在搞不惯，偷摸着又都回到水上。改革开放后恢复渔场职工身份，实际仍是个体，直到 2020 年元旦长江禁渔令生效，彻底告别了传承近千年的行当。实际上，潜江地方的禁渔令还要比别处早，这艘木船已经闲置两年了，一个来月前弄上了岸，搁在这片青草地上。

眼前的肖某修理这艘木船，并非为了回到江面上捕鱼，而是卖给某处面积比较大的鱼塘。虽然如此，它仍旧是幸运儿，他名下的机动铁壳船已经拆解，政府的收购价是 4 万元。收回捕捞证的补偿则是 5 万元，代价是上岸之后他一直无业。和大多数以船为家的渔民一样，他从没上过学，年过 60 的他做小工常常没人要，手艺都遗落在网眼上。

“近十年产量都不行，打不到鱼，只够维持生活。”他说。下游弄网的人多，长江的鱼游不来了。上游修兴隆大坝采沙，河道里到处是翻掘出来的石堆，没法下网。近几年捕捞设备先进了，有 30 来只船常年在长江里跑，日子还过得去。长江的鱼捕得厉害了，国家又下达了禁渔令，感觉这个祖辈相传的行当已经跟不上时代了。

和其他的同伴一样，肖某住在渔民小区，100 平方米的房子政府补贴了一部分，算下来自己还是出了 11 万元，眼下尚未拿到房产证。

他告诉了我那个哑巴少年的下落。看起来像是少年的他，已经将近 30 岁了。家中除了父母还有一个兄弟，成家以后不孝顺，哑巴由父母带着，从前四处打鱼，现在住在街上，靠低保生活。

肖某自己的子女，以前也都跟着他在水上打鱼，现在大儿子出远门在广州打工，在厂里做衣服，手工算是和从前的织网有点关联，一个来月前儿媳也过去进厂了，两口子加起来一个月挣五六千块钱；次子在武汉给一家卖管子的商家看场子。到了孙子这一辈开始上学，由退休上岸的爷爷奶奶照顾，课余也在船上打鱼，现在几个孙子都在上学。

回忆起水上的生活，肖某说“自由”。船一出去几个月，汉江长江随人跑，俗话说“上半年油个船，下半年过个年”，上半年把船刷好桐油出门，到了快过年再开回来。水性并不好的他很少下水，却仍旧留恋船上的岁月，却不敢去想十年后的光景。眼下的这艘木船，大约就是他和水上生活最后的缘分了，看起来他宁愿把手上的活儿干细一些，干慢一些，斧子刨落木屑的声响，慢悠悠地飘散在汉水边的空气里。

上岸之后

在潜江这座小城里，三江明苑公寓的面貌有些匹配不上它响亮的名字，尽管它打造了巴洛克式廊柱的大门。六层的单元楼房没有电梯，靠近楼顶的墙皮剥落，本就狭小的窗户被居民用木棍遮住。

我的老相识老肖住在五楼。两室一厅的开间很小，加起来大约 50 来平方米，但户型朝向还算周正。和渔民小区不同，这里的房子是廉租房，年租金 3400 元，外加 500 多元物业费，老肖住这儿的原因是交不起自家补的 11 万元，买不下渔民小区的房子。

楼顶漏雨，这是顶层墙皮剥落的原因，卫生间容易漏水，修补了好多道。比起当年仅能遮风避雨的船篷，这里自然还是舒适很多，但上岸三年了，老肖并没有找到感觉。与六年前船头烧茶的他相比，眼前的老肖莫名地戴着一顶皱巴的红星军帽，多了一份醉意，又少了一份船头的任意，年纪看上去大了好几岁。

“只会搞鱼，岸上搞不好。”老肖说。和修船的渔民一样，老肖觉得船上自由，一条船放出去，往南走到洞庭湖湘江，往东走到沙市黄冈，半年才回转，见码头靠岸，“有了小钱，就去买菜（下酒）”。当然也包括上岸的偶尔娱乐。现在的他只能跟着大排档老板烤串搞夜宵，才上了一个多月班，从下午五点搞到通宵，所以他看起来总是没睡醒的样子。烤串的手艺，是他上岸后在政府组织的培训班里学习的。

船上过的当然也是穷日子。柴油的开支大，每天要近五六十块，把毛利都吃进去了。造一条船要花五万块，三年要喷一道漆，另外要置办机器和渔网。这些开销都要出息在鱼身上，一年撒网下来，好的光景搞得到三四万块，“造孽”。老婆也跟着他在船上，照顾生活，这是打鱼人的传承，船上的姑娘媳妇都是不会打鱼不会水性，专门做生活的。

老婆回忆，刚结婚跟他上船时，好长一段打不到什么鱼，吃不上饭了，把娘家送的电视陪嫁卖了换米。小孩出生一年多，老肖得了肾结石，“我身上还剩十块私房钱”，给老肖买了结石通来吃。风餐露宿，上晒下蒸之类的不必说，有的姑娘媳妇失了脚，淹死的都有。

上岸三年以来，两口子都没找到正经职业。老肖曾经想去做建筑工人，人家说是高空作业，他年纪大了危险。也没有低保，自己拿 8000 块补的新农合社保，要七年以后退休才能到手。捕捞证收回的补偿款5万元，老肖也是在我拜访之前两三天才收到，暂时解了燃眉之急。老婆说即使在渔民当中，自家也是最困难的，因为老肖身体不好，年年看病，胃病高血压心脏病，“屋里买的药够开药店了”。

渔民是现代社会的吉卜赛人，大多没上过学，缺少技能，又在船上待惯了，上岸后从头开始很困难。老肖的儿子年近30，上岸之后一直没有职业，离婚了，5岁的女孩由小孩外婆带着，自己出门打工，要支付女儿的抚养费，10岁之前每月1500元，以后到成人每月2000元，挣的钱只够自己花销，无法贴补父母。但老肖夫妇却因儿子有了收入，被停了低保。家中一架旧的电子琴，是这段婚姻仅存的遗迹。上岸之后夫妇离婚的，在肖氏渔民群体里有三四户。

下午三点多光景，老肖骑电摩带我到了渔民小区，待了一会儿就先行离开，去大排档上班。在那里，他将戴上油污的白帽子，系上烧烤用的围裙，像往年给船刷漆一样，往鱿鱼和牛羊肉串上刷油和辣子，满头淌汗，变成和从前撒网收网的渔夫完全不同的一个人。

渔民小区实际不全是渔民。渔民的楼有六幢，其他是泽口港周边拆迁搬来的人。这和渔民们的诉求并不一致。

每栋单元楼房的底层，有一间储藏室，楼层矮，价格比正常楼层便宜一些。老年人宁愿住在储藏室，不用上下爬楼梯，又比较随便，可以搭把椅子坐在门口聊天。捕捞队队长肖运荣就和我坐在这样的一间储藏室里，聊起渔民们的过往。

肖运荣说，泽口肖姓渔民的群体已有450年历史，1568年从江西鄱阳湖撑船上来。1949 年以后成为国家渔场捕捞队，属于城镇户口，1966 年随“精兵简政”下放，投亲靠友，身份变成农民，当时肖运荣只有 12 岁，跟着父母投靠妈妈的娘家，在农村待了十年，父亲不会种地，一直过不习惯，只能在当地偷偷捕鱼。1976 年恢复城镇户口，重新组织渔业队，变成个体身份，直到这次禁渔解散，人口共有 143 户，近 600 人。1975 年以前出生的人口全都是文盲，“这间房子里坐着的，没有一个人读过书”，他指着谈话间围拢过来的十几个男男女女说。

“其他的渔民身份是农民，捕鱼是副业。我们是专业。”肖运荣强调。因为没有土地房屋，在上岸后房屋安置的过程中，自己出了 4 万元一亩的地价，包括小区的绿地和其他公摊面积，因此同小区的棚户改造搬迁居民只需要出每平方米 480 元，而渔民却要出到 900 元。小区的建设质量有诸多问题，比如没有围墙、活动场所、花坛，一楼架空层高只有 1.95 米，一般是 2.15 米；下水管道过细，经常漏水堵水；搬进来五年时间，墙壁已经出现开裂。

捕捞证的 5 万元补偿，也是经过了好几年的争取反映，才逐渐到位的。但另一方面，上岸之后渔民吃低保的数量被逐年大幅削减，从 200 多人减到只有 40 来人。针对当地农民有精准扶贫的项目，上岸后的渔民也无份。年满 55 岁的人出 6000 元买社保，不满 55 岁的出 8000 元，60 岁以后每月拿到 300 多元。文件上规定头两年有过渡生活补助，实际上也没给。政府组织渔民培训学习技能，包括餐饮、叉车、驾驶、电焊，学开叉车的后来一个也没用上。年轻人一部分出外打工，45 岁以上的没

泽口渔民老肖居住的廉租小区，顶部楼楣已风化破损。

人要，只能零散做做小工，大部分时间闲着没事干。

泽口镇的化工厂成为渔民们的一个选择，围拢来的中年人中有两位头一年去参加了化工厂的考试，通过后可以去厂区做小工，至于空气污染就顾不上了。唯一的年轻人是肖运荣的女儿，小时候也在船上，没读过什么书，她回忆“船上生活很苦的呢”。

辛苦的地方在于，船上的家是移动的，只有两米多宽十来米长的船篷下那么点空间，一切都要在其间辗转，在于船篷不是总能遮风避雨，雨大了会漏进来；在于冬天风大的时候，还要跳到刺骨的水里把下碇的锚踩实，唯恐船被风吹走；夏天上晒下蒸，汗唰唰直流，冬天严寒透骨，必须生煤炉子取暖。在最冷和最热的日子里，仍旧要撒网收网，捕获一天的生计，网绳结了勒手的冰碴子，手背裂了皴口，劳作不能停。孩子尚嫌稚嫩的皮肤，冬天长的冻包一年四季都不会好，冬天疼，夏天奇痒，和水面密麻麻的蚊虫小咬叮上身的感觉一样。

但辛苦之外也有自在，不用在教室里规规矩矩听课抄写，一年到头行了许多新鲜地方，见了新鲜景致，近到兴隆大坝，远到沙市洞庭，到了码头停好船，上岸去买油买米，逛街看电影，见见世面；走走停停，全凭自家。夏天热了，随时能跳入江中游泳，凉快一把。顿顿有鱼，新鲜各样，近年来，菜贩子把菜送上码头，吃的种类也丰富。最主要的还是两个不断从渔民嘴里听到的字：自由。

上岸的她只能在本地打打小工，闻化工厂的废气。2021年8月，我再次联系肖运荣，得知她去了潜江城里给人做保姆，住在雇主家里。和少女时代的自由之间，远远不是从城区到泽口港的有形距离了。

“心里发痒，现在。”每次肖运荣乘车回到泽口，去江边打望，看到隐藏了各种鱼类的空旷江面，偶尔瞥见岸边鱼苗游动，这种感觉就会回来。

鸬鹚与产卵场

2014年9月初，我第一次来到丹江口水库大坝脚下。

和坝上或更下游全然不同，这里是一片人与自然搏斗的激越景象，其间又加上驯养的帮手。

坝底汹涌的波浪翻滚，是坝上的水头穿过直径7.5米的钢管冲下，推动水轮机之后泻入坝底，其间有近百米高的落差，巨大的能量从水底翻涌上来，在水面形成蘑菇云一样鼓突又爆裂的水头，传出低沉雄浑的轰鸣，令人失色。却有一叶扁舟紧贴大坝坝底游弋，被出水口的暗涌冲激颠簸，似乎时刻有倾覆之忧，却流连不去。船舷整齐站着两列鸬鹚，像整肃的黑衣人，不时按照舟子的指令俯身扎入湍流，利喙叼住游鱼后，脖子随即鼓起来，在激流中扑腾，被船头的主人及时伸杆接引上船，再吐出储存在嗉囊里的鱼。有时来不及上杆，鸬鹚就被激流冲走，含着鱼顺水漂出很远，主人驾驶电动小舟如箭而下追逐接应。

冲刷成陡壑的岸上是手持霸王钩的垂钓者，往泛出青白水沫的江中尽力抛钩，钓线像弓弦绷得笔直。一条大鱼撞上了凌厉鱼钩，却不肯就范，反而用力一挣，使身处险地的钓者脚下打闪，仓皇脱手，大鱼拖着鱼竿消失在激流之下。垂钓者惊魂初定，憾恨不已，上下找寻之余，还请鸬鹚船上的捕鱼者帮他往下游查看，大鱼终究踪迹杳如。

这是丹江口坝下特有的场景。整个汉江中下游，只有这里保存着湍急的流速和鸬鹚捕鱼的古老传统。往下游一点，水流变得平缓，形成几个河湾，水面簇泊几条渔人的生活船只，船头附近特意伸出几条浮在水面的木梁，供休息时的鸬鹚栖息，像是排排黑衣人伫立，形成一种别致的景观。

2021 年再次来到坝下，当年的情景已荡然无存，停泊船只和鸬鹚的水湾已被清理，杳无人迹，只残留从前驯养园地的围栅。由于通水后控制下泄水量，只开两台发电机组，坝下激流的翻滚也趋于平缓，不见往昔孤舟颠簸的形影。再往下游一段，江水更是失去了流速，成为王甫洲大坝的库尾回水。

驯养鸬鹚的渔人中，有一个大家称作幺怪，老家在山区，来到汉江边捕鱼前后近 20 年。禁渔之后，他的船卖了废铁，鸬鹚一部分放生，一部分杀掉吃了，自己打算出门打工，但 50 多岁的年纪让这条路前景黯淡。据江边鱼餐馆的老板说，他在电话中说的并非实情，实际上他在市场贩鱼，给餐馆供货为生。另外一位驯养鸬鹚的渔人则远赴广东打工。

坝下人与激流、鸬鹚与鱼搏斗的情形不再，在整个中下游的汉江上，同样不再有这样激越的场景。在湖北省水产科学研究所的研究员蔡焰值眼中，日趋平静的水流之下，埋藏着令人忧虑的现实。

退休以后的蔡焰值在武汉某个小区里开辟了一间自己的工作室，室内是各种与鱼类蛋白有关系的实验机器，离心机轰隆

丹江口坝下小舟，用鸬鹚捕鱼，与激流搏斗。

的声音笼罩了他的听觉，大声说话才勉强听得见，担心打扰邻居，他不得不紧闭门窗。

这和他从前的生活状态完全不同。从湖北省水产研究所退休之前的蔡焰值，在长江和清江上搞了几十年的鱼类资源调研，南水北调开始通水前夕，他又担任了汉江中下游鱼类资源与产卵场调研组的组长，有两年时间穿梭在丹江口大坝以下至汉口的河段上，2015 年 6 月提交了报告。

这次调研的背景，是汉江中下游水坝的梯级建设，由此带来的上下游隔断和水流减缓对鱼类造成的影响。出发之前，蔡焰值并没估料到这个影响有多大。

调研的对象主要是“四大家鱼”：青、草、鲢、鳙，在我国有上千年的养殖传统，又是野生鱼类的大宗。此外是汉江特有的一些“土著鱼类”，譬如鳍、鳡、瓦氏黄颡鱼等。调研人员在汉江从丹江口坝下到汉口设置了 23 个调查点，对通水之前的 2013 年和通水后的 2014 年监测结果进行对比，结果令人震惊：相比于 2013 年尚算可观的推算产卵量 3157 万粒（只有 2004 年的三分之一，1978 年的不到十分之一），2014 年检测到的四大家鱼产卵量为零。

四大家鱼和很多洄游鱼类都产漂流性卵，需要水量较大、流速较快的特定产卵场。相比于 2009 年调查时中下游尚存的七个产卵场，2013 年调研时产卵场下降到三个，分别位于宜城、钟祥、沙洋马良镇，处于襄阳下游的崔家营大坝和潜江的兴隆大坝之间。

鱼类的性爱如同人类一样需要激情，在激流的婚床上，公鱼和母鱼上演追逐的戏码，母鱼将鱼卵产在激流之中，随波漂流，公鱼尾随而至射精，产生受精卵孵化成鱼苗。在丹江口坝下的激流中，还会看到母鱼高高跃起，拍打腹部以加快排卵的现象，民间俗称“摔籽”。

根据蔡焰值和其他组员们的调研，2013 年产卵场江水流速还有每秒 80 厘米到 1 米，2014 年开始南水北调后江水流速下降为每秒不到半米，水量萎缩了一半以上。卵巢失去了水流刺激的四大家鱼停止排卵，组员们监测到大量的“鼓肚子”母鱼，鱼子涨满却无法排出，跟踪而至的公鱼自然一无所获，交配过程半途而废。

鱼类停止产卵的后果，自然是种群灭绝，对于搞了几十年水产资源研究的组员们来说，这是不可想象的。另外一个灾难性现象，则是兴建梯级水坝带来的上下游阻隔，造成洄游鱼类通道受阻，无法完成其出生—洄游—繁衍—死亡的生命历程，导致部分鱼类消失灭绝。

20 世纪 80 年代之前，丹江口电站是汉江中下游唯一的一座水坝，水坝的兴建彻底改变了上下游的鱼类生态。从那以后到现在，汉江中下游又新建了王甫洲、新集、崔家营、雅口、碾盘山、兴隆六座大坝。这些水坝的兴建，基本上是下一座水库的库尾承接上一座水库的坝下水头，没有给汉江的自然径流留下位置，汉江由河流变成了一级级的水库库体，中上游的情形也类似，大坝数量众多。这些大坝的兴建直接导致洄游路线被层层切断。理论上大坝可以设置鱼道，但效果形同虚设。

蔡焰值在兴隆大坝下方的鱼道入口蹲守，详细观察过鱼群上行情况。他发现，绝大多数的鱼根本找不到鱼道入口，少数几条游到了鱼道入口，却没有一条试图游上去。正值鱼汛，大坝下挤满了密麻麻的洄游鱼类，无法继续它们的繁衍之旅。

这和泽口镇肖氏渔民们的观感一致。肖运荣觉得鱼道的入口太小，轨迹又太曲折，鱼没有聪明到那个地步。坝下看得到受阻的洄游鱼类，“厚得很”。这些受阻的鱼，充当了渔民的猎场。老肖则回忆起“去兴隆坝下打鱼”颇为兴奋，打到的鱼类有鲤鱼、草鱼、白鲢，白鲢是长江洄游上来的，数目多，另外还有从长江洄游来的青鱼，重达五六十斤。

四大家鱼为代表的洄游鱼类迁徙产卵受阻，导致老肖记忆中的盛况一去不返，产粘性卵的鲤鱼和其他小型鱼类成为主要捕捞对象，渔民的猎获物整体小型化，产量也一路走低。这个趋势从丹江口水库一期建成就开始了。地处泽口的潜江鱼种场退休老工程师徐术堂回忆，从前渔场的捕捞量一年达到 10 万斤以上，遇上涨水，渔民一天可以打到 300 来斤鱼。在汉江禁渔之前，渔民每天的捕获量已经下降到几斤到二三十斤，种类主要是翘嘴鲌、鲫鱼等小杂鱼，以及人工投放尚未长大的鱼苗。

根据蔡焰值等人对汉江中下游 360 条渔船的调研，2013—2014 年，丹江口坝下至王甫洲坝上每条船的日捕捞量是 33 斤左右，崔家营坝上产量最高，达到 47 斤，兴隆大坝以下至汉口日均捕获量仅为 27 斤左右，每年的单船捕获量则从 3600～8000 多斤不等。从调查组当时拍下的照片来看，渔民捕获的大多是小杂鱼，甚至是手指大小的鱼苗。20 世纪 70 年代，渔民的捕获以产漂流性卵的铜鱼为首，占到 40%，四大家鱼同样占比 42%以上。而到眼下，铜鱼已经近乎完全消失，四大家鱼产量下降了 60%，为首的青鱼已经很难捕到，定居性鱼类鲤鱼、鲫鱼、黄颡鱼和长春鳊上升为主要门类，汉江中下游的鱼类资源日趋小型化，以前挂不住网眼的小鱼譬如油鲹、泥鳅等占据相当比例。

四大家鱼绝育危机、洄游鱼类受阻的背后，是珍稀鱼类的已然逝去。1974 年丹江口水库一期蓄水后，对于汉江中下游鱼类资源的调查中，汉江特有珍稀鱼类鯮、鳡、鳤、长吻鮠等尚历历在册，2004 年之后鯮鱼和鳤鱼消失，2014 年的失踪名单中又增加了长吻鮠。这些土著鱼类在汉江河床的消失，意味着一类物种的灭绝。2013—2014 年，仅仅一年之中，兴隆大坝上下的鱼群种类就由 79 种减至 69 种，说明了建坝前后生态的巨大变化。

徐术堂透露，2013 年左右，曾经有两条中华鲟从长江游到泽口江段，被渔民捕捞上来。这种活化石一样的长江珍稀鱼类，因为肉质肥美，被渔民们自己吃掉尝鲜了。在他的印象中，消失的还有鮰鱼和鳜鱼、火鸡公。

在汉江上捕捞的船只，网具早已鸟枪换炮，再也不是记忆中船头撒网的祥和景象。最“温柔”的漂流粘网也是三层带刺，外层的网眼大，以供大鱼钻入，内层收到 30 毫米以下，这样的层叠网罗连鱼苗也钻不过去，统统挂在网眼上。至于网眼更密的电动拖网，更是像篦子一样从水底全线曳过，将小青虾和往上的大小鱼类一概捕尽，甚至几条小杂鱼加起来也不到一根手指粗，似乎刚刚出生。此外，还要加上网罗猬密的地笼和迷魂阵的使用。在这样的捕捞面前，很少有鱼类能够活过三年，长足个头。虽然有每年禁渔期的保护，但鱼类休养生息的窗口期仍然太短。

采沙采金作业也是鱼类的威胁，主要损害在于产生大量泥沙浊水，严重影响鱼类产卵和孵化鱼苗，同时破坏水底地貌，也减少了食物饵料来源。在蔡焰值课题组提交的报告中，专门提到了必须限制在汉江流域中采沙与淘金作业，划定范围和深度。

2014年，汉江上游的安康市渔政监督管理站站长李志升也对我介绍，挖沙船破坏了汉江的鱼类产卵场，对鲫鱼影响最大。他们的执法常常受到很大阻碍，因为挖沙老板为获得采沙权和添置设备投资大，想短期回本，会发生纠纷，“甚至拼命”。

采沙对渔民的捕捞也形成很大的影响，使他们在不规则的江面上无法正常布网，令他们心生反感却无可奈何。

即使是看起来无伤大雅的垂钓，在汉江上也演变得日趋暴力。前文中我在丹江口坝下目睹的人鱼搏斗，钓鱼者使用的是新兴的霸王钩，线粗竿长，更主要的是钩上不施鱼饵，而是一根上连缀几十对大钩，钓鱼者用力将鱼线抛掷江中，随后铆足力气左右来回扯动，像挥动弓弦一样让粗长的鱼线在水中纵横绞杀，发出呼啸的声响，来往的鱼触上钢钩被挂住，被吊起时大多皮开肉绽。这种钓法消除了传统饵钓中的智慧色彩，只剩下赤裸的暴力，伤害也大得多。在汉江中下游沿线，我曾多次目睹这种霸王钩的绞杀。

诸般夹击之下，汉江上鱼类的生态已无法自行维持。人工放养鱼苗成了必需的选择，南水北调工程通水的前几年，按照统一部署，汉江中下游沿岸县市每年都人工繁殖鱼苗投放到江中，2012、2013两年，襄阳与荆门江段共投放1300万尾四大家鱼苗种，放流江段渔民捕获量明显高出未放流的王甫洲大坝坝上和兴隆坝下江段。2019年投放了2000万尾，已经禁渔后的2020年投放500万尾。

汉江中上游的情形也类似，安康市渔政站工作人员告诉我，他们在2013年投放了732万尾鱼苗，2014年到6月底已经投放了500多万尾。考虑到河道已经被水坝切割成为各个小块区域，这些鱼苗投放在汉江干流各段和任河、坝河、喜河、瀛湖和蜀河等支流、水库里。

不过由于过度捕捞，这些人工投放的鱼苗往往来不及长足个头，就被渔民打起来，以投放量占到一大半的鲢鱼为例，捕捞上来的白鲢体重平均不过三斤多，而成年白鲢的体重一般在六斤以上；草鱼的体重还不到四两，而成年草鱼体重可达几十斤。渔民们自己对此也很无奈。去长江里捕鱼，成了中下游渔民们唯有的选择，而这又恶化了长江的生态。

显然，汉江鱼类生态面临的危机是全方位的。调研结束后，蔡焰值和同事们向湖北省南水北调管理局提交报告，提出了几项建议：一是大坝在鱼类繁殖期定期加大发电量，也就是排放量，在坝下形成洪峰，达到流量500立方米/秒以上，流速则需要提高到0.7米/秒以上，为产漂流性卵的鱼类创造交配条件。另外一项是在繁殖季节采购成年四大家鱼亲鱼在江中投放，增加产卵的亲鱼数量，使得汉江鱼类形成自我繁殖能力，不再依靠鱼苗投放。报告还提出限制网眼规模，要求渔民捕捞的鱼类体重必须在一定规格以上，放过未成年的小鱼。

这些局部改进的保护建议即使实行，能带来多少效果，蔡焰值并没有太大信心。随着中下游新集和碾盘山的大坝陆续开建，洄游鱼类的生存将更加艰难，流速更加缓慢，产卵场面临消失，能顺利生存下来的只有产黏性卵、水域活动面积小的中小型鱼类。调研报告在2014年6月提交后，蔡焰值没有再涉足汉江的事情。

从渔民的反映看，调研报告的建议得到了部分采纳，每年汛期水坝加大下泄量，成了洄游鱼类产卵的机会，此外则是每年投放鱼苗。但渔民们的捕获仍旧变得愈加屈指可数，在他们看来，鱼苗的投放更多是象征性的，“投那么两车下去，顶不了事”。

2017 至 2020 年间，华中农业大学和长江水产研究所学者徐聚臣等对汉江干流水生生物资源进行了全面的调查研究，在上、中、下游的汉中、老河口和钟祥设置 15 个断面采集捕捞，共采集到 98 种鱼类，其中珍稀鱼类比之 21 世纪之初减少了 38 种。虽然也新增了一些鱼类，总数仍然在下降，而且 2020 年采集到的鱼类种数最少；主要捕获物鲤鱼平均体长下降了 10 厘米左右，体重减轻了一半，黄颡鱼体重体长也有明显下降，小型鱼类占比增大，整体鱼类呈现小型化趋势。研究指出，汉江鱼类种类的减少和小型化趋势表明鱼类资源呈衰退趋势，原因可能与过度捕捞和南水北调中线工程、汉江水电梯级开发引起的下泄水量减少、水温降低和水流变缓等有关。

随着更多的汉江渔船去到长江，长江和汉江的鱼类生态难以为继。到了 2020 年，长江干支流禁渔十年的大幕终于揭开，泽口的肖姓捕鱼世家也迎来了祖业的中断。

汉江打鱼的历史和它本身一样源远流长。很多年以前，我在安康市博物馆里看到像排球一样大小的鹅卵石吊坠，腰部有穿孔，用于系网，当时感到心惊，古代的汉江到底孕育了多大的鱼，需要先民们用偌大的渔网来捕捞。后来知道，鹅卵石网坠的年代早至新石器时期，在紫阳、汉阴和西乡的遗址中曾发掘出几十件，在汉水中游的淅川更高达上百枚，说明了当时汉水沿线捕鱼已经十分繁盛。传承六七千年之后，汉江的渔业第一次迎来了中断。

2020 年 9 月的一个晴天，我从引江济汉的运河汇入汉江的入口上行，沿汉江河岸一路走到可以近眺兴隆坝的地方。这一带地势平坦，江水缓慢流动，但仍然不同于丹江口大坝下游稍远处的凝滞，原因是下游没有修建水坝。

先前在大坝上游不远，路过了一道引水闸口，库水过闸后进入引水渠道灌溉沿途农田，由于堤坝内外的落差，库水过闸后奔腾而下，形成了类似丹江口坝下的激流水势，几位垂钓者蹲踞在堤岸上垂钓。也许由于时当正午，收获无多，其中一位的塑料小桶里有三条半尺长二指来宽的小鱼，他说叫“桂花”，旁边的伙伴正在收拾行头骑摩托车离开，口里嘟囔“鱼少，没搞到什么”。

引江济汉运河和汉江交汇口有几位垂钓者，遵守着“一人一竿一钩”的规定，其中一人脚边有了小半篓收获，有红尾、黄鱼和小草鱼，都是一手指来长的小鱼。“有人用假饵，我用真饵。”他说。

沿江而上，两岸是低缓的草坡，散落的羊群和牛安闲地吃草，它们有时需要抬脚越过一道道的橡皮水管，这是岸上堤坝外的大片鱼塘抽水用的。自古而来，汉水就是这样伸出无数条臂膀，灌溉它中下游流经的江汉平原。滩涂延伸着一带斑驳的乱石，现出泄洪时水线的痕迹，大约高出眼下的水平面一米多。相比丹江大坝，远处的兴隆坝显得平和低缓很多，但也要宽阔得多，不失“亚洲第一长水坝”的气度。

接近大坝，江水的流速明显加快，水面上漂来一团团白色

散落的牛羊在兴隆坝下江边安闲地吃草。

物体，起初我以为是破碎的鱼尸漂流而下，后来看出只是泡沫。几年前在丹江口大坝下，除了与激流搏斗的小舟和鸬鹚，还有漩涡上空盘旋不去的鸥鹭，它们盯住的是水坝下翻涌而出的鱼尸碎块，这些大鱼是从入水口冲下，被水轮机的锋利扇叶切成碎片的。

这样的情形，会出现在每一个水电站的高坝下。汉江上游石泉电站的工作人员告诉我，每年洪峰到来，机组全部开动的时候，经常看到坝下冲出脑袋掉了的大鱼——小鱼可以通过水轮机扇叶的缝隙。一篇近期媒体的报道，也侧面印证了这一现象：2021 年 8 月《三秦都市报》报道，因安康瀛湖水库泄洪，大量来不及溯游上逃的大鱼，随着泄洪水流从库区冲摔下汉江河床，有的摔得断头断尾，有的摔得奄奄一息，被在汉江安康城区段的游泳者捕捞到了。这些断头断尾或者奄奄一息的大鱼，实际就是被水轮机叶片切碎或者拍晕的。

江水比起下游泽口一带要清澈碧绿，可以约略看到水底，但我在两处水潭边伫立了半晌，并没看到游鱼。我在清凉的汉水中游了一会儿泳，和小时候在家乡的水潭中不同，没有小鱼来挨擦我的脚背。

由于安全禁区的设置，无法过于接近，远眺之下大坝底部一片安宁，只传来隐隐轰响。站在草坡上，无从想象春天洄游鱼群受阻，渔船拥塞捕捞的场景，只能祝愿在宁静下来的江水之下，鱼类能利用珍贵的十年窗口期生息繁衍，恢复一条江河的元气。

丹江口坝下，冲下水轮机的巨流翻滚而出，形成大片旋涡和水雾。

捕鱼、电鱼、毒鱼

自从由随州返回十堰老家，寄居在堵河口废弃学校的教室里，康正宝每天的生计全在汉水上。

搬迁时捕捞证和渔船已经上交，他只能借用别人的资格。花几千块重新买了一条渔船，夫妻一同下水。早晨六点多起床下河，去收前一天布下的网，傍晚六七点再下网。下网和收网都要差不多一个小时。“逮住的时候”网上挂的鱼多，能弄两三百元，逮不住只有几十元。小雨天不受影响，遇到大风大雨只能歇工。

夏天下的是流网，在江面上布下去，顺水漂流，可以漂出近两里路。网上有信号灯，晚上可以看见。秋天水小，流速就快，不能下流网，漂出太远收不回来，只能下边网，沿着江边布设。每年六月三个月的禁渔期刚结束，是鱼最好的时候，可以下拦河网，横着把江面截断，捕到的鱼最多。冬天水枯鱼藏，只好歇着，有时利用空闲出门打工。

下的都是粘网，长度达到六七十丈，大网站立的高度达到十米，即使是小网，下到水中也能“站”一丈多高，在水下形成一堵墙。大网外层网眼是两寸四，也就是八厘米，可以捕获从不足一斤到20来斤重的鱼。十几斤的鲢鱼比较多，比起下游个头大一些，原因除了渔政每年投放鱼苗，也有捕捞业不如下游发达，加之上游的孤山电站水坝距离较远，江水保有一定流速。

下网的最大妨碍是采沙淘金。采沙船掘起水底的砂石，形成沙堆，渔网漂流中会被沙堆挂住，没法捕到鱼，还会破损。

打鱼的收入大体相当于在工地上做小工，只是收入不稳定，被渔政抓到了还要一次交上千元罚款。但对于康正宝来说，远比在工地上愉快。有一年康正宝曾经在秋天出门，在广东建筑工地上用砂纸打磨建材，粉尘很大，“人着急得很”，冬月间就回来了，还是习惯水上的生活。伏天屋子里热得受不着，夫妻干脆一夜都在船上，“河里自然风，凉快”。两人都会水性，康正宝可以横渡，妻子也能凫上几十米，下网收网都要两人合作。

汉江十年禁渔期来到之后，自由的船上日子终究走到尽头，两人去了南方，在工地和工厂里讨生活。

上游几十公里的柳陂镇，因为拒绝搬迁失去合法捕捞证之后，王顺只好偷着打“黑”鱼，担惊受怕过了几年日子。2020年8月12日，十年禁渔的政策下达，王顺的渔船卖了废铁，10米长的钢铁壳子得到了一两千块钱。按照十堰的政策，如果拥有捕捞证，1米长船身可以得到4800元的折价补偿，尼龙网一副补偿500元，绞丝网补偿200元，捕捞证本身可以得到三万块补偿。这些都与王顺无缘。

和水娃子父子一样，王顺也是几代人捕鱼为业，弟兄五人有三人在船上下网，王顺四年级辍学，十四五岁就开始独立上手，脸上留有江上日晒雨淋的刻痕和一个红鼻头。禁渔前的几年，一年能挣到十来万元毛收入。鱼产量低了，由每天捕捞一二百斤下降到几十斤，但价格上涨，汉江上最常见的翘嘴鲌由从前的五块涨到了30来元一斤，总体算下来差不多，但最重要的是自由，半辈子没打算干别的。

离开渔船之后，王顺“开始急死了”，没有主意，后半生无处安放。好在凭着在船上烹鱼烧汤的本事，终于找到个厨师的活计，从头学习在陆地上生活。

过度捕捞之外，汉水上也历来不乏“断子绝孙”式的毒鱼、炸鱼、电鱼等违法行径。家在汉江支流旁边的我，从小目睹人们用“鱼糖精”毒鱼，一两瓶农药下去，沿河几公里的鱼虾死绝，到处是翻白的小鱼尸体，人们像过节一样兴奋地沿河捡拾，谁也不觉得有什么不对头。捡上来的鱼要赶紧剖开，不然鱼腹中的毒素扩展到全身，鱼腐烂会比通常钓上来的快得多。

一次次地重复下来，河里的鱼越来越稀少，最终近乎绝迹。在我上小学时，每天傍晚用一根竹棒系上鱼虫，拿一个叫子篓，找到一个窝子，可以轻易扯起满篓几百条钢鳅，油炸了佐餐，不是什么珍馐，近年钢鳅涨到几百元一斤，却再也钓不到了。放暑假整天泡在河里，一根钓鱼竿沿河上下，可以钓到百十来条鱼，桃花子、白把子、麻鱼、黄大拐子（黄辣丁）、潜鱼，各样都有，后来却连最能繁殖的钢鳅也灭绝了，河表面上还有水，实际已经空无一物。

安康市渔政监督管理站站长李志升介绍，1980 年陕西省水产研究所对境内汉江上游的渔业资源做了一次摸底，查明当时汉江尚有 6 目 13 科 93 种鱼类，此外还有大鲵和水獭，这已经是在丹江口水库建坝之后；2013 年至 2014 年，和蔡焰值带队在中下游的考察同时，陕西省请四川农业大学专家对汉江上游再次摸底，只调查到了 76 种鱼类，减少了 17 种，大都是数量稀少的土著珍稀鱼类，譬如长吻鮠。

汉江上游洋县的湑门村，由于地处黄金峡出口，水急滩多，祖辈流传下来老式的“截鱼”办法，按照洄游鱼类“七上八下”（农历月份）的规律，八九月趁鱼类洄游时在水流最急的地方顺流用木头或石头垒砌围栏，将水流引至一定的方向，在前方出口处用竹笆构筑坝子，激流将洄游的鱼冲到竹笆子上搁浅，水从下方走，人在上方捡鱼。河中的鱼类繁多，有草鱼、鲤鱼、胖头鱼、鲢鱼、红尾巴、黄尾巴、银鱼、石鳊头、黄辣丁、鳖鱼等种类，每扎一次竹笆子都收获甚丰。

后来兴起了炸鱼，天天河里有人放炮。随之又兴起毁灭性更强的电打鱼，通过增压器释放6000来伏的高压，可以打起20斤的大鱼，低的也有2000来伏，所过之处大小鱼类“当时就死完了”。一位钓鱼爱好者估计，在安康段的汉江上，当时电鱼船有几十艘，“一起巡回围剿”。

水中的鱼越来越少，法律也越来越严格，电鱼和炸鱼成了可以入罪的行为，并且由按照损害后果追惩变成了行为本身入罪。但这仍没有完全禁绝电鱼的行为。数年以前，我在安康城郊的河段里，就看见过电鱼的小船在黑暗中穿梭，如同魅影无声无息，船头船尾各站一人，船头带长杆的电极插入水中，启动了死神的权杖，船尾的人随之打捞。2019年在黄金峡下游的江面上，我也看到过顺流而下以电瓶捕鱼的船只。在暴利的驱使下，这种包含了死亡的魅影很难从汉水上完全消失。

毒鱼和高压电鱼的行径，在老派渔人看来是断子绝孙的事情。老杨是汉江上所剩无几这样的老派渔人。

老杨大名叫杨文山，但很少有人喊，即使他已年逾古稀。2019年夏秋之际，我和一位当地朋友从洋县县城出发，沿汉水下行，在黄金峡上段真符村一段河湾见到了他。

老杨住在半坡的一处窝棚里，窝棚脚下遍生青草，汉水在不远处流过，整条河湾看不到别的住户。窝棚的门低矮，像是小孩居住的，我们走到门口时，老杨正坐在马扎上吃饭，端着的碗里有两条小鱼，是他自己打上来的。

“我一生爱吃鱼。”他说。也爱打鱼。因此即使儿子儿媳都已搬迁去了城里，整个村落也将消失，他却不愿离开，反而远离人烟，搬到离江水更近之处。

老杨的船上生活史是从 6 岁开始的，无师自通地开始学习打鱼，这大约和他的生来小儿麻痹有关，在陆上是残废，“在船上却是正常人”。父母都是农民，父亲患有严重的气管炎，在老杨 14 岁那年过世了，母亲却活了 120 岁，前几年才过世，这有赖于独生子老杨的精心奉养。老杨念书到初二，父亲过世后辍学，花钱请人打了一条船，开始打鱼补贴家用。白天在生产队地里拖着一条腿干活，除了挑担的活样样都成，晚上下水撒网。大集体经济解散之后，老杨成了专职渔民，靠打鱼养活一家人。老杨没有成家，收养了一个儿子，从 11 岁那年养到成人，跟着他在水上讨生活。

老杨说自己性格孤僻。长年累月的打鱼生涯中，他虽然有家，却经常住在船上，觉得回到家中不习惯，“在外面更自在”。大集体那些年，白天都是生产队的，撒网和收网都只能在晚上，拿着手电筒下网，开一会儿就关上，省电，到了收网摘鱼再打开。以后不用出工了，才变成晚上下网早上收网，挂网的鱼更多。

洄游的鱼群每年“七上八下”，船也跟着往远处走，往下游走六七十里航程到西水河，更远到黄金峡出口的渭门村，100 多里水路。往上走到蒙家渡，一出去半个月一个月。养子成年之后，家里牵挂少了，父子一条船走出去更远，上游能到洋县县城，还要更往上走，老杨不会开机器船，由养子操作。沿途打鱼沿途卖，鱼贩子上船收货，养子下船采购伙食，老杨用不着怎么上岸。在陆地上蹒跚行走时，小时候在上学路上受人欺负的记忆会涌上心头，只有在汉水上他会觉得自在，是个健康人。

老杨的水性很好，虽然腿有毛病，仍然能够下潜很深，只是在翻身下钻时要比正常人多费点力。更多的时候，他喜欢仰面躺在水面上，像一只晾晒肚皮的青蛙。这时的他完全是自由的，离岸上生活的重担和身体的残疾都很远。虽然汉江涨跌无常，有时会发洪水，老杨却从没遭遇过危险，他的经验是，看到净水流得很急，就知道“贼水”要来了，赶忙停船靠岸，下好铁锚，静等浪头过去，再驾船撒网。

老杨捕的有鲢鱼、黄辣丁、鳊鱼、草鱼、大眼睛、沙棒、黄鳝，还有鲈鱼。鲢鱼个头大，要用五六指宽网眼的网。老杨最常打的是黄辣丁，专用二指宽网眼的粘网，由于适合吃火锅，鱼贩子爱收。以前每天可以打到几十斤，一斤卖 3 块。现今价格涨到一斤 30 元，可打到的量也减少到不及以往的十分之一，一天好一天坏，两三天才能碰上一天能打到一斤。各样的鱼都越来越少，连虾都涨到 14 块一斤，还根本打不到，原因是打的人太多，捕捞工具也越来越厉害，几乎是“一网打尽”。

汉江上游从前水坝不多，流速快，天晴水温高的时候，老杨打鱼下的是粘网，涨水了就用地笼子。老杨虽然有十来个地笼子，对于这种渔具却很有意见：网眼太密，米粒大的虾子都给打上来，闷死在笼子里，尺寸又是出厂时设置好的，改不了。

国家禁止这种地笼子，但没法杜绝。撒网时遇到打起来太小的黄辣丁、小鱼小虾，老杨都倒回江里，给它们一次长大的机会。有的打鱼人却不是这样，随便倒在沙坝上，都死了。

2017 年老杨遇到一个人，把 100 多条小鱼都倒在沙坝上。老杨提醒他倒回江里，那人说“反正长大了我也打不着”。提起这件事老杨特别生气，“心太孬，都像这样，河里要绝种了”。

一个多月之前，养子觉得老杨年纪大了，担心汉江上水大，不放心他划船走远，给老杨在附近搭了个鸡棚，买了 500 多只鸡苗让他养土鸡。船都留着，闲时间就近撒网打鱼，自己尝个鲜。鸡苗买回来时八九两重，现在涨到了一只四五斤，因为这里青草遍地，虫子多，鸡长得快，这次刚卖了 3000 多元，因为是附近熟人买，价钱给的便宜。鸡爱吃鱼，但老杨不敢给喂，怕吃了拉稀。鸡也不敢养太多，怕跑得远了管不过来。说起销路，老杨说“熬煎”，县城的市场没打开，这也是不敢发展规模的原因，手里压不住成本，打算等这一棚鸡全部出手了再买下一批小鸡。

养鸡打鱼之外，老杨是村里的贫困户，吃低保，一年多少有点钱，数目自己也不明白。日子虽然辛苦，也就能过下去了。没有其他的娱乐，一个吊着烟袋的小烟锅，给了他寂寥时的安慰，还有偶尔不请自来窝棚串门的草鸡。

老杨的窝棚是用竹笆支撑着防雨篷布搭建的，高度不到一个成年人的身量，里面光线昏暗，又不通电，只能用蓄水池采光。这和船篷里的情形类似，都不需要多少高度和亮度，就够老杨使用了。窝棚的门对于来访者来说显得太矮，佝偻肩背的老杨却进出自如。门前玉带一样缭绕的大江，就是他最好的风景，眼下因为头天涨了水，奔涌着一江浊流，却仍旧显出青山绿水的气质。

午后的斜阳照进了窝棚，老杨走出柴门，拄着竹棒下坡，带我们去看停泊在江上的船。这是一条不乏坎坷和陡峭的下坡路，对于双足小儿麻痹的老杨来说显得艰难，他握住竹棒的手指节变形严重，像满是疙瘩的生姜，原因是冬天捕鱼受风寒，年久入骨。腿脚也患风湿疼痛，走路没有力气，一拐一拐。但这仍然是他每天都乐意走上两趟的道路，每处坎坷都分外熟络。

江边停了两条船，一条是机器船，养子刚刚从江上开回来，看昨夜下的地笼有虾没有，结果一无所获。另一条是老杨用的船，有十四五年了，船身铁壳显出锈迹，箍着遮蔽风雨的篷子，篷子和岸上的棚屋一样是用木架支撑着防雨塑料布，据朋友说上次来时只看见了半张，现在总算是覆盖得严实了。船舱堆放着凌乱纠结的渔网。老杨蹒跚走到江边，解开岸上的缆绳，用竹杖将小船拨拢，接下来匍匐身子，用一种外人很难看清的动作翻过了晃动的船舷，显得艰难又熟练，又拨开看起来混乱一团的渔网，钻入船篷，舀干船舱一夜下来的积水。

他终于到了船尾的位置上，两臂操起固定架在两舷的船桨，开始划动起来。这时可以看出他臂膀肌肉线条的粗壮有力，胜过他脸上细密的皱纹和腿上的残疾。

小船渐渐离开了岸边，向着江心荡去，浑浊的江水泛着灰白的泡沫，在船桨的拨动下发出汩汩的声响，听得出迅疾流动的激越。因为水势浩大，老杨划了一圈又回来了，但已经足够看出他在汪洋中的自如，似乎专为这条江和这条船而生。

此刻的他，就像汉江上最后一个渔人。

黄金峡上游，渔民老杨在汉江上划着他的小船。腿脚有残疾的他，只有在船上才觉得自在。

离开之后，老杨给我打过几次电话，说汉江最近没有涨水，喊我去坐船玩。我知道这是他对于我见面时提了一桶菜籽油的感谢。窝棚所在的地方信号很差，口音又重，我总是听不清他的话。以后汉江十年禁渔期到来，我总是会想到，一辈子习惯了吃鱼打鱼的老杨，是否失去了他的小船，怎样习惯上岸的日子。

2021 年的秋天，我终究拨通了电话。听筒里清楚地传来老杨的声音，信号和他的口音都比几年前清楚了很多，不知道是否有卖鸡历练的原因。但他的鸡场已经不在了，原因是粮食价格高，销路没打开。去年又暴发了鸡瘟，100 只鸡全死了，“养不成”。手头没了钱，今年没敢再投入。

眼下他开始了新的生计：养蜂，去年以来已经养了十桶。他养的是一年取一次蜜的土蜂，打算明年开春多分一些桶，再招几窝来，“尽力发展”。土蜂蜜卖到 60～80 元一斤，一桶蜂一年能取到 30 来斤，如果发展到几十桶，每年能有一笔相当的收入。村子里人大都搬走，生态好了，但他仍然担心花少不够蜜蜂吃。

他仍旧住在江边的棚子里，机器船征收了，但手划的小船还在，自己能打点小鱼吃，但不能卖，也不能再去远处捕鱼。以前跟他一起打鱼的养子失业了，心脏也出了毛病，呼吸困难，去年住了几次院，只好由儿媳出门打工，养子近来靠摘马蜂结的葫芦包度日，一斤葫芦包能卖 30 块。儿子上不了树，只能拣低处的下手，一天能摘两到三个，维持生活。好在孙子已经成人，以前在远处打工，这年也回来了，在县城附近和人合伙包了个鱼塘，一面卖鱼，一面招徕游人垂钓。孙子小时候也跟着在船上混大的，在外面待久了不习惯，回来张罗了这个生意，也不知道能不能赚钱，“说起来三代人还是离不开鱼”。

最后一条大鱼

2007年4月14日正午，我在岚河黄白马河谷遇到了终生难忘的一幕。

岚河干了。干得一滴水没有，露出满河床乱石，大大小小的像是堆砌的洗脚盆。从半里路外闻到一股隐约的腥臭味，越接近河谷越尖锐，让人完全搞不懂来源。

下到河床，几个人影低头在河滩上捡拾什么，不时翻掘石块。忽然明白了臭味的来源。活死鱼，河流性命的最后一点残余。

这种捡拾很多年以前已经开始。先是兴起炸鱼，最方便的就是用过年卖的一种鞭炮“雷子”，后来夏天也卖。有次我和几个少年一起去游泳，他们带了“雷子”炸鱼。雷子扔进深潭，随着一声爆炸，水面上鼓起泡沫，几个少年纵深钻入水下，几乎马上就两手攥着炸死或震晕的鱼出来，被震晕的鱼还在他手中摆动。我如法炮制，却因为钻得不深，眼睛不灵而一无所获，受到他们的嘲笑，当时还感到惭愧。这次炸鱼收获不小，晚上我也分享了盘中盛宴。

后来是更痛快的毒鱼。去广东打工的人多了，从那边带回来农药“鱼糖精”。一个接近阴历十五的黄昏，忽然传来有人要在黄白马下鱼糖精的消息。因为白天太张扬，只能在满月下偷偷搞。这简直是个禁忌的节庆，我们也想要参与，从下游几公里的渡船口匆匆出动，大小六七个人骑摩托车赶赴黄白马捡鱼。得到消息偏晚，到了河谷入口，天色已经整个黑下来，我颠簸在一个表弟的后座上，听河风呼呼掠过，感受摩托车在急拐起伏的山道上驰骋，看见陡坎下蜿蜒闪亮的河流，心里怀着某种兴奋和不安混杂的急切。

下到河谷，却并没有预想中漂流翻白的鱼群，遍河搜寻仍然一无所得。卷起裤腿顺流往上走了很长一截，打开手电照射，直到进入让河河口，仍然没有见到鱼的踪迹，扳开一些石头也没有发现，只能疑心是有人编出谣言来骗人，或者说我们来得太晚，没赶上这场“节庆”。大家的兴奋劲儿化为了失望，我心里有种不无遗憾却又释然的感觉。我听人描述过那种场面，大小的鱼平时潜藏激流深潭，这时却唾手可得地搁浅在河边滩头，一直到放药下游几公里的地方，也可轻易捡到十来斤重的大鱼，一会就盛满了箩筐，剖开了有毒的内脏，回来抹上青盐，红红白白晾晒在猪圈石板屋顶上，像是鞋底子。大小鱼类死去之外，还有没人要的鳖和娃娃鱼。那是个看上去很美好的年代，河里鱼多没有人管，打工的人回来，三天两头去河里下药。虽然国家出台了禁止毒鱼的规定，却常常有人不遵守，节庆似乎没有到头的日子，有天却忽然发现，下药后捡到的鱼越来越零星，好日子很快就到头了。

在头一天，这段河谷经历了最终一次节庆：前天傍晚渡船口电站开始截流，下游的人发现，河里的水越来越小了。昨天早晨，有人在河里下了鱼塘精，趁着水浅捞上一把。来不及随水退走的鱼群搁浅在砾石上，徒然地摔打自己，大幅翕动着无水的鳃帮，以往藏身深潭中的大鱼也无处逃遁，白花花翻了一层，满河是捡鱼的人群，持续了一整天。眼前这几个人是头天有事没有赶上的，来找补一点残余，其中一个在电站值班，神情言谈中颇为遗憾。

我跟在他们后面，看他们翻掘石块，寻找靠着湿气或积水奄奄一息的鱼，大部分已经死去发臭的弃之不顾，干石头上也有一些死去干僵的鱼，像是被仓促制成的木乃伊。这是弥漫河谷的臭味的来源。

在一个较为低洼的地方，我学着他们翻开一块石头，看到一幅地狱的内景。

十多条大头扁身子的巴岩鱼，连同几条小沙鳅，两条麻鱼，还有几只虾米，紧紧凑拥在这个小小的空间里，河道水退之后，石坑里当时残留的一点水，提供了它们最后的呼吸，也很快成了它们葬身的墓穴。平时根本不会凑在一起的这些生灵，都来到这里寻求最后的庇护，拥挤着死去，像是集中营里密集的死者。小鱼和虾的身体已经干枯起皱，似乎并不足以发出恶臭，它们的身体是无辜的。但无数这样微小的墓穴，仍旧让河流变得无法走近。这股臭味持续了几个月。

在一块裸露的大石头上，晾着一条过小的鱼，家乡叫作鱼星子，它青白窄小的身体似可忽略，只余一只眼睛，向天空睁着，含有对灭绝之灾突然而至的疑问。

灭绝来自小水电，来自上游的水坝和引水隧洞。几年前我听到了渡船口电站开始施工的消息，从那一天开始，就在等待着这一刻的到来。但到来时眼前的场景，仍然让我不知所措。

我已经见过了干的河道，在岚河的下游，满河乱石奔涌而出，如遭雷击突然凝固，纹路还保留往昔波涛汹涌的遗迹，日晒雨淋下渐渐风化。但那是在被电站截流之后很久，已经没有了臭味。当时我很难想通一条河怎么会干掉，即使是修了电站，它要么筑坝造一个水库，像岚河和汉江交汇处的火石岩水电站，以后称为瀛湖，因为水面足够大成了一处旅游景点，我曾去划过两次船；要么像老式的引水式电站，只是修筑堰道将水流引走一小部分，到下游某处经由两根很高很长的铁管子冲下，带动水轮机发电，堰道水满时还总是溢出一部分，形成一道瀑布。后来了解到眼下所谓引水式电站的含义，是在山体中开凿引水隧洞，筑起高坝将河水全部引入几公里长的隧洞，到下游形成落差发电。这样的引水，河道滴水不剩。

那时引水式电站还只是出现在岚河下游，相邻的岚皋县地界，岚皋县确立了小水电为支柱产业，引进了浙江人投资。但当然，上游的落差更大，建造起来更为方便，因此这一天迟早会到来。渡船口电站是建成的第一座。

在山里打洞这件事引起了乡亲的议论，会不会打坏了“地形”，带来运气上的变坏。当然，他们没有想得太多，接下来几年时间内他们还有工做。黄白马出口半坡的龙洞干了，十几户人的吃水成了问题，最后电站老板只口头同意补偿3000块。至于坡底的大河，它的存在与否，似乎不是那么重要，虽然夏天孩子们喜欢去游泳，虽然大人们偶尔也喜欢吃鱼，还有一些人喜欢钓鱼。再说这是政府扶持的产业，环保局都通过了，普通老百姓能管什么呢？

因此这一天到来了。“除非大河里水干”这句往往在定情或决裂时赌咒的谚语，就此实现了。没人再用这句话赌咒。

从那一天开始。我忽然感到大河和我的关系不一样了。我知道下游的松鸦电站正在修建，它的水坝紧挨着渡船口电站的出水口。一旦建成，从黄白马到两县交界的整条岚河就要埋入地底了，连同水中所有的生灵。

在大河旁边，有我很多的不能重复的记忆。我知道大河的很多事情，关于它的水、它的鱼。

忠家公是个爱打鱼的歌郎。他说以前在黄白马有很多鱼洞。冬天鱼钻进去冬眠，春汛时醒来就往出钻，人只要用一个鱼筐堵住捉鱼，一次捕获上百斤。有人还自己建了洞，等待鱼类入住捕捉，这种是潜鱼。此外有很多种类，桃花鱼、鲢鱼、鳜鱼，鲢鱼是从长江洄游而来的。

那是汉江上建坝以前的事了。20 世纪 70 年代丹江口水库建坝之前，鲢鱼可以从长江进入汉江，从汉江进入岚河，一直洄游到岚河上游，体重可以达到几十斤。1973 年，丹江口水坝合龙蓄水，加上 20 世纪 80 年代末安康瀛湖水电站的修建，鱼类再也不可能延续这样千万年以来的旅行。岚河里的鱼也就变小了。

最小的叫巴岩鱼，微小到连学名也不知为何，生长在家乡这带山区的激流里，海拔稍低一点的岚河下游就没有。身子像一个大头蝌蚪，腹部平坦有吸盘，紧紧贴在水急处的岩石下面，和石头一样是黑色的，翻开石头要用心辨认，一手使劲扒拉下来，用脸盆接住，它也就紧紧巴在脸盆底上。虽然不像正经的鱼类，味道同样鲜美。我在干掉的黄白马河滩翻开的石头底下，就看到过这种死去的巴岩鱼。如果我们这带的河道都干了，它也就不存在了。

它和娃娃鱼一样，需要极度清澈的水，后者的消失来得更早，远在水电站截流之前。起初娃娃鱼到处都是，没人知道它的学名叫大鲵，只知道可以卖钱，当然更无人知道是国家一级保护动物，远古时代的活化石。我曾跟着哥哥去山溪里逮过几斤重的娃娃鱼回来，养在脸盆里玩，并没有听见它晚上的叫唤，过两天就死去了，我们也没有去吃它的肉。最初有人收购娃娃鱼的时候，也就比猪肉贵一点。一个渡船口附近住的老年人回忆，他有次逮到了几十条娃娃鱼，养在一只大腰盆里，准备第二天卖给贩子。不料腰盆前两天沾染过石灰，娃娃鱼受不得一点这种气色，第二天早晨起来一看，全死了，只好剁成一段一段的喂猪。后来娃娃鱼涨到了几百元几千元一斤，随之而来的也是娃娃鱼越来越少，最终完全绝迹。大鲵绝种之后，外地来的贩子又盯上了海拔更高的山溪中的小鲵，小鲵价涨到了几十元一斤，也近乎绝种了。河里的族类渐次消失，终究来到了河流本身消失的一天。

我打算待在家乡，守在这条河身边，见证它最终被松鸦电站埋葬的那天。但我不想只是见证，先后请了两家媒体的记者来采访，跟着寻访了岚河上下游大部分建成和在建的电站。从汉江与岚河交汇的河口上行至八仙镇，一路百余公里，干流上已建成和正在建的电站共有 16 座，几条支流上也建有 10 座电站，几乎每一座电站隧道的入水口都顶着上一座电站的出水口，寸寸榨干吃尽，当时已有一半河段脱水干枯，一旦全部建成，除了堵水坝形成的小小水库，和沿途山泉形成的涓涓细流，岚河将没有在地面上存在的机会。脱水的河床变为褐色，石头结了干枯的苔藓，一些地段变为采沙场，沙尘飞扬。生命消失之后，这成了它最后的利用价值。

岚河的源头由南溪河、正阳河、龙洞河汇聚而成。即使是在这里，到了南溪河旁的高山上，仍可以看到开凿山体留下的庞大渣山。一个浙江水电老板投资打穿两座山，规划把三条河的水引到一处高崖上，利用几百米的水头落差发电。山上的古井干枯，村民要下山背水，从前有个深潭叫作娃娃鱼潭，娃娃鱼被毒死捉光了，山体打穿之后，潭水也将和龙洞一样干涸。

接受采访时，市水利局官员对于“用尽每一寸水”并不讳言，称这是《水法》梯级开发的要求。但“建设水力发电站，应当保护生态环境，兼顾防洪、供水、灌溉、航运、竹木流放和渔业等方面的需要”的条款，他却没有提及。

关于小水电生态，水利部和国家环保局 2002 年曾经下达一项不为人熟知的规定：像岚河这样的多年平均径流量低于 80 立方米 / 秒的河流，生态基流的比例为 10%（高于者为 5%）。2007 年陕西省水利厅发文要求，全省境内所有在建电站的大坝上，必须留有最小下泄生态基流孔，以确保下游有一定的水量，维护生态系统。2008 年，平利县水利局和环保局以红头文件的形式，要求全县所有在建、拟建和已建成的电站，必须确保最小下泄流量，否则将面临从重处罚，严重者将责令停工、撤销取水资格。

这些政策文件加上两次媒体曝光的效果，是在随后兴建的松鸦电站几十米高的拦水坝上，换来了直径 30 厘米的小生态孔。一段时间中，我曾为此庆幸。

那时我已身在异乡。我终究没能等到松鸦电站截流的时分，陪伴它到最后一刻。因此中途回乡时看到坝体上预留的这个小孔，我感到某种安慰。

但等到截流之后，我再次回乡，看到的仍旧是干枯的河道，只有坝底少量沁水。那个不起眼的小孔并没有河水流出，或许它的位置过高，只有在丰水季节才有排水的可能。

安康市水利局纪委书记燕卫东介绍，2002 年 5 月 1 日以前，所有审批的电站都没有生态孔设施，也不要求做。以后有了政策要求，陕西省开始推动是在 2007 年以后，要求小水电业主办理开发许可证时交一份承诺书，修建下泄生态水设施，最低下泄水量不低于 10%，事后不遵守视同违法，平时不定期检查，但并非专项检查，而是在别的工作时顺带进行，“有的电站遵守，有的也没完全遵守”，不遵守的并未实施罚款。“一直准备搞一个联合检查组，下去检查。”他说。在市渔政监督管理站站长李志升看来，10%的生态下泄流量，理想状态下可以“保命”，但现实不是理想状态。

即使这个小孔在出水，又怎能挽救干枯的河道，让鱼儿生存下去呢?

长江水利委员会资深专家翁立达认为，即使是实现了 10%的下泄流量，对恢复生态系统也太少了，“鱼类的繁殖需要一个脉冲，不是有水就行”。国际上通行的水电标准是，下泄流量为年平均径流量的 60%，也就是开发量不能超过 40%。

我家乡的这条岚河，当然不是小水电唯一的受害者。根据统计，2006 年底全国已建成的小水电超过四五万座，大部分都是引水式电站。国家环保总局曾调查四川省石棉县小水河，发现全长 34 公里的河道两岸，已建和在建的水电站达 17 座之多，平均两公里一座。到 2015 年，汉水上游干支流已建和在建的水电站已经达到 900 多座。

在汉江的南源玉带河，区区水流上也建起了几座梯级电站。

关峡隧道附近的一座引水式电站下游，河道断流，裸露累累乱石，另一段则成了采沙场。政策规定中的生态孔不见踪影。

从家乡往返西安的高速上，每次经过秦岭南麓的乾佑河，都能看到大段的河道干枯风化。这条河流经的镇安县，一共建了 45 座小水电。从汉中往返西安的高速上，看到的情形也类似，我第一次探访汉水源头返回西安，途经的河道还是瀑流喷涌，水汽氤氲，似有鱼龙深潜，数年后再次经过，河道已成累累乱石，生灵灭绝。这样的灭绝，发生在汉水的每一条毛细血管身上。

近年来，国家对秦岭生态发动整治，小水电因为严重破坏生态被列入了治理范围，近百座引水式电站被拆除，引来一些行业相关人士在网上叫屈，称山区河流原本是季节河，并非因为引水断流。但在降雨量丰富的陕南地区，水量大到能够修建电站的河流都不是季节河。这次整治并没有涉及秦岭之外的地区，因此对于众多大巴山地域的汉水支流仍然鞭长莫及。

渡船口电站蓄水之后半年，我在黄白马目睹了一次意外的场景。

大水早已消失了，河道白光光的岩石底子露出来，剩着一些潭，像眼睛嵌在几乎断流的河道里。这些潭显出极致的清，像是被掏空了，但在眼底又有一层青，说青又不够，近于黄，久了看出是青苔，像是营养不够。

投入这样的潭中游泳，似乎不忍心。一个手指头的扰动，或将不可挽回。但因为这样，却又更诱惑。在犹豫时，看到上游几个人站在一处潭里，又似乎不是游泳。

看来潭不很深，他们都穿着短裤，佝下身，在水里摸索。这情景使我感到奇怪，他们在摸什么呢？似乎一种毫无意义的动作。烈日下一切都静止了，只有他们半裸的身体在缓缓移动，不出声。想到某个影片中外星球上的场景。

突然，有个男人扬起了手臂，他的两手间握着一条大鱼，真正的大鱼，有十几斤重的样子，鳃鳍闪着金红的光，应该是条鲤鱼。一切戛然有了解释，他们在摸鱼。可是这个小潭里，怎样摸出如许大的鱼来？它怎样生存？

鱼几乎不挣扎，鳞片的闪光没有颤动。它看起来并不属于眼下的世界，却又已自行放弃。我忽然明白，它是电站截流前剩下的鱼。在先前宽阔汹涌的黄白马河道里，它的身体长到了这么大，截流后却不合适了。只能藏在小潭的石头下，幸存下来，但躲不过今天人手的彻底搜刮。

在忽然极度减退的水体里，它无法缩小的身体，怎样满足供养的需求？我想到水底缺乏营养的青苔，穷人空了的青光眼。在落到人手中时，已无力挣扎。或许这是它等待的归宿。

这是河道里最后一条大鱼。最后一次鱼的记忆。

母亲的清白

志愿者的喜忧

2007 年的夏天，已经 63 岁的运建立同众人走了三四公里小路，沿玉带河往上探访汉江的现代源头。运建立患有冠心病，走到后来嘴唇发紫，由几个人搀扶走到了源头—— 一处崖壁倾泻而下的泉流汇成青潭，再往上无路可行。运建立拿出随身携带的纸杯，一连喝了四杯青潭中的水，清甜的凉意透入肺腑，立刻感到精神一振，浑身舒畅。

“这才是母亲河的味道。”她想。这是她搞汉江环保以来最满足的时刻。

五年之后，李鹏博生平第一次看到汉水。他生于关中，2012 年来到安康上大学，穿城而过的汉江震撼了他，“完全颠覆了我儿时对河流的印象，那么清澈，那么美”，有似我第一次在汉江大桥俯视江水的惊异。在大学期间他就因此找到了自己的志业：保护汉江，发起了“绿巨人”环保组织，并在毕业之后延续拓展了这份事业，于 2014 年成立了安康市环保公益协会(绿色秦巴)，开始了汉水安康段民间环保的拓荒。在对一眼可见的汉水干流的保护之外，李鹏博和同伴们还成立了民间河长组织，把注意力拓展到汉江的数百条支流上，打算从毛细血管开头，来阻遏动脉的污染。在“一江清水送北京”之外，李鹏博更多地想为汉江本身着想，关切每个小流域的水土和人民。

2020 年夏天，我参加了一次绿色秦巴组织的亲子公益活动。清晨十余人一行在五星街青少年宫集合，因为和政府环保部门的合作，绿色秦巴在这里得到了一间办公室。我们要去的是关庙石岭沟，李鹏博和同伴们在那里搞了一个小流域生态项目，申请到了几家基金会一年十几万元的资助。石岭沟离汉江干流不是很远，掩藏在襄渝铁路线背后，在汉滨区 40 多条类似小溪中并不起眼，选中它是由于当地的民间河长比较热心，居民参与积极。

我们乘坐的中巴车离开大道，上坡下岭几个弯拐之后，来到了山坳的一个小村落，和近在咫尺的城区风貌大不相同，人家散落，一条小溪蜿蜒而过，掩没在荒草和田埂间。小溪水量不大，看去情形尚可，没有被成堆的垃圾和塑料袋掩没，李鹏博说这是发动村民和志愿者们捡拾的结果，“前天我来捡过了”，同行的一位志愿者说。

细看之下，溪边岸头仍然有不少垃圾，尤其是在涵洞屋脚这些不显眼的地方。协会的人说村民们都比较配合，只有一户紧邻溪岸居住的农民，经常隔着院墙往坎下溪里扔垃圾。正好今天这人在家，李鹏博上前跟他交涉了几句，和和气气劝他和大家一起保护溪流，那位中年男人否认自己扔过垃圾，表示和大家一样爱护环境，交涉算是在友好气氛中结束。回头李鹏博跟我说，很多人就是这样，只能一遍遍说。他能这样表态，算是这里形成了一种保护溪流的氛围，也不容易。

捡垃圾是今天的第一项任务，大人小孩都很积极，看得出来这种体验性公益活动对他们是难得的放松。很快几个塑料口袋就拾满了，志愿者说上次来也拾了几十斤垃圾。人的衣角鞋帮上也沾染了泥水，大家在溪里洗手，据说以往村民在这里洗衣。因为试验田引走了溪水，协会还发生过与村民的争执。

小溪边一块曾经的稻地是治理项目的试验田。小溪被引入田中，顺着电阻一样来回曲折的田垄流动，田垄不再种稻，任凭荒草生长，借助荒草和微生物来帮助溪流自净。田间的小鱼苗让孩子们感到好奇，志愿者说以后准备投放鱼苗，形成完整的生态系统。

对于这块试验田的意义，我感到某种怀疑，但从李鹏博的想法来看，它显然是件正经事。或许几位担任志愿者的村民也和我有类似的疑问，但既然这块地花了3500元租金，他们也能领到工资，疑问就可以暂时放下了。试验田边缘已经插上了一排竹桩，志愿者会长李辉志老人在架竹篱笆，这也是今天活动的主要内容之一，去山里扛出砍倒的竹子来，在田边架起篱笆，保护试验田。

人们以家庭为单位，走上一里地到小溪源头，扛上砍好的竹子，长长短短拖曳到地头来。沿途志愿者给大家讲解如何巡河：一看二闻三查，查看有无动物尸体、水藻垃圾；用手轻扇，看溪水有无异味；再下来是测水质。把巡查结果发到“巡河宝”小程序上，让更多的人看到和参与。协会人员拿出备好的试纸，各人在小溪或试验田选一个地方取样，在杯子上贴好采样地点和人员标签，之后对照表格看水的酸碱度，作为对比的还有一杯自来水和一杯肥皂水。在试验田尾端取水的测试显示，溪水经过试验田自净后，酸碱度和氨氮含量标准属于一类，化学需氧量属于二类水，优于自来水标准。至于更复杂的样本检测，由于一套检测设备所费不菲，绿色秦巴只能委托第三方机构进行。

这个项目也很受欢迎，在对照红红绿绿标示确定酸碱度的程序中，孩子们兴奋地吵闹，展示自己的结论，即使是他们的父母，也似乎体验到了难得地当一次科学家的快乐。事后孩子们每人领到了一张“环保行动者”证书。

在汉滨区的另外两条沟，绿色秦巴还有两个实验项目，一是鱼菜共生，上游养鱼下游种菜；另一个是生态蔬菜种植，不施加会造成土壤面源污染的工业肥料，这些污染最终会随水土流失进入汉江，造成总氮和总磷过高。“去年花了 6 万多，今年以来已经花了 12 万。”李鹏博说。

协会的日子并不宽裕。大学毕业初期，因为没有像其他同学一样找工作，李鹏博曾经有三天只能一天两个馒头度日，一边捡垃圾、巡河、写文章拍照片，发布关于汉江的事。后来“绿色秦巴”得到了一些社会关注和官方的某种认可，有了办公地点，申请到了项目经费，李鹏博的汉水保护才算是脱离了“不务正业”的阶段。2020 年春天，他回关中老家结了婚，但多数时间仍然待在安康，在做汉江保护的同时，也为关中农村的黑臭水体奔波。

在一次公益界的交流会议上，李鹏博见过运建立。她已经是 70 多岁的老人了，却并没有退休。退休之前她曾是一名高中生物教师，以后担任过市侨联干部。2002 年左右，运建立发现儿时捉鱼摸虾的滚河成了黑河，上游的造纸厂让它像是制造出来的墨水，又透出淤血般的暗红。

这样的河流也曾在我家乡的县城出现过。县城上游不远有一座造纸厂，任意排放的废水使得环绕县城而过的坝河定期变为一条黑中透红的带子，刺鼻的气味弥漫整座县城，鱼虾死绝。直到1994年我大学毕业回到县城，还目睹了它末期的排放，急于投身河流消除暑热的我，甚至还跟着哥哥一起在这条黑带中沐浴了一番，事后才知道造纸废水对身体的诸多伤害。这条滚滚的河流会一路流入汉江，掺杂入它的清白底色中。直到造纸厂彻底倒闭，坝河的劫数才算了结。

搭救滚河的同时，运建立发现汉江受害同样深重。21世纪初期，汉水襄阳段的最大支流唐白河曾爆发大规模污染事件，上游南阳地带的污水在汛期倾泻而下，造成汉江的生态灾难，引发上下游省份的连年争端。地处唐白河口的襄州区环保局，夏天不敢开窗。在唐白河附近的翟湾，运建立和同伴们发现了一个癌症村，村民吃着酱油色的井水，皮下隐藏着各色肿瘤。为了奔走给村民们打一口清洁的深井，耽误了耳疾的治疗时机，运建立的左耳聋掉了。“到现在还是要用这只耳朵听你说话。”2014年在绿色汉江拥挤的办公室里，运建立头偏向右边对我说。

自从开始为滚河奔走的那天，运建立和同伴们持续地探访汉江和她在襄阳境内的支流，一条报废的二手船记录了他们的行程：这条2008年启用的船，到2014年4月行驶了160多次，进了40多次唐白河，船底腐蚀磨损得如此老旧，在韩国“世越”号沉船灾难发生后，运建立开始担心绿色汉江伙伴们会遭遇同样的灾难，才卖掉了这艘船。

2014年8月26日的巡河日志记载，分队志愿者在探访中看到樊城区黑鱼沟大明渠的水是蓝色的——不是天然的蓝。蓝色来自上游的印刷厂。此外还有气味，不过已比上次减轻。襄阳市下游崔家营的监测点，因雨江水浑浊，异味明显，志愿者用随身简便试纸却检测不出异常。一位渔民告诉探访队员们，这里的情形还在越来越糟糕，原因则是一家制药厂。这家制药厂的污染，是绿色汉江身上最难拔出的一颗钉子。

南水北调和汉江环保是一枚硬币的两面，运建立不仅在襄阳上下游奔波，还希望这枚硬币在用水人的眼里也变得透明。

七年过去，我再次来到绿色汉江，协会仍旧待在樊城区一座老旧的大杂院，两间略显逼仄的办公室里。运建立这天不在，去了唐河调研一家皮革厂的污染和做环保宣传。她有了一个新职务：襄阳市政府聘任的唯一一位民间河湖长，监督官方任命的河湖长。

崔家营的制药厂没有关闭，它增建了污水处理厂，但处理后的污水不达标，有气味，眼下正在停产整改。唐白河的水质提升到了三类和四类之间，告别了以往的酱油色外观，在禁渔之前，甚至滋生了撒网为业的渔人。这一切都和运建立与绿色汉江分不开。这天早晨，协会的副会长李治和正在出发前往一座小学做环保公益宣传，携带两面绿色的宣传旗帜，上面印有志愿者编的“汉江谣”，词谓：

> 汉江清，汉江长，生活过熊猫和大象。
> 李白把汉水当酒喝，汉江养育了爹和娘。
> 汉江清，汉江长，流到北京美名扬。

歌词用典未必严谨，李白喻为醇酒的是洞庭湖水，但在襄阳附近居住过多年，写下过“功名富贵若长在，汉水亦应西北流”的李白，对这一江清流的感情，却和今天的绿色汉江志愿者们相通。

2012年11月上旬，绿色汉江收到了来自上游旬阳市汉江保护志愿者联合会的一封邮件，邀请绿色汉江出席成立三周年庆典。绿色汉江随后发送了一封贺信，表示了上下游环保组织增多交流的意愿。当年志愿者联合会挂牌的时候，绿色汉江曾经派人出席揭幕。

11月20日，旬阳汉江航运博物馆一楼会议室召开了一次工作会议，墙上张贴着红纸黑字的旬阳市守护汉江志愿者联合会标示，庆祝成立三年的吕河汉江绿色环保志愿者工作站获得了合法身份。比较特别的是，这个联合会最初是由交通局发起，在航运博物馆授牌的。会长王孝文原本是一名本地砖厂商人，在刘贵棠影响下萌生了保护汉江的想法，从2015年开始发动自家工人在吕河沿岸定期捡垃圾，又发展到打捞水库漂浮物，一边宣传环保，成立了工商注册的工作站。工作站发起过“走汉江”活动，上迄汉中，下至襄阳，沿途宣传保护汉江。此外是对汉江支流的水资源调查，组织人力探寻它的沟沟汊汊，走访当地老人了解河流多年来的水文状况变化，补充政府的水文资料。

“自从发起这个运动，向河里乱扔垃圾的行为大大减少了。”虽然遇到一些人认为是管闲事，但借助王孝文和刘贵棠在当地的影响力，还是得到了相当的社会支持。对于协会的发展方向，王孝文一度感到迷茫，眼下志愿者联合会挂牌成立，有了主管单位，王孝文本人还和刘贵棠一起入选陕西省教育系统“百姓学习之星”候选名单，显然为联合会未来注入了一针强心剂。

厕身汉江环保也含有风险。2021 年 4 月 1 日，襄阳老河口市环保志愿者周建军（昵称老周）和外界失联，引起环保界关注，后来证实是和另一名环保志愿者一起被当地警方抓捕，案由是涉嫌敲诈勒索。老周在环保圈颇为知名，从 2018 年开始经常驾驶一条机动船与当地志愿者一起监督汉江流域的非法捕捞、毒鱼电鱼、毒杀野生候鸟以及环境污染问题，与当地环保和其他政府部门有冲突也有合作，失联前一个月还刚刚被国家林草局聘任为全国首批十名野生动植物义务监督员。在失联之前几天，老周还上网发布了一条视频，反映老河口市一家化工厂向汉江非法排污，配有死鱼的照片，图说称“大量的污水导致出现大量死鱼”“这些鱼当地的猫都不吃”。

老周失联后，相关的环保组织志愿者曾经前往老河口探访，但并没见到老周以及他的亲属。因为事件引发关注，老河口市有关部门曾经派人专程赴京，到中国生物多样性保护与绿色发展基金会（绿会）沟通事件情况。但此后一直没有案件下文的公开消息。

我曾辗转联系上与老周一同被抓捕的志愿者肖建军的妹妹，得知两人已经被刑拘，在外打工的妹妹也表示自己知情很有限，当地有关部门不让他们接受外界采访，以及自行聘请律师，官方会为二人提供司法援助。数月后再次拨打妹妹的电话，已经停机。这件事和引发外界普遍关注的贺兰山环保志愿者李根山案大体同时，形象地说明了投身环保的风险，和在守护母亲河清白与自身清白之间可能的冲突。

一江清水的成本

“我现在是脑子里有水。”2014 年夏末，看着墙上张贴的南水北调通水剩余日期表，李纪平如此描述自己。

作为安康市环保局新成立的水质保护监管科科长，李纪平脑子里需要容纳的并非只是一条清澈的汉江，更多倒是它被污染的形态：臭水、垃圾和排污口。

这样的排污口，在安康市下游不远处的东坝就有一个。从我 1987 年到安康上学起，它就在那里袒露着，场面堪称壮观，像是灾难现场，黑水滔滔，蚊蚋盘旋，臭气逼人，整座主城区的污水都从这里排放，汉江清澈的水体经过安康城，有了它的加入，似乎成了和先前不同的东西，我也理解了为什么古人取“中泠水”一定要在金州上游，即使那时的污染和现代不是一个量级。

李纪平接手水质监管科的时候，东坝的污水口场景已经不那么震撼了，它经过了不远处一座污水处理厂的净化系统，颜色和臭味都淡化了许多。甚至有垂钓者专意在口子附近下竿。这里的浮游物比起清水区更丰富，吸引了鱼类前来，9 月 4 日下午，我目睹一对赤膊少年在两小时之中钓获了六条半尺来长的红尾巴。当然，它并非一直如此洁身自好，少年们在黄昏到来时收竿回家自有理由。

“傍晚六点到八点，它会开始排出黑水，就钓不成鱼了。”少年很有经验地说。

个中内情，有几十年钓龄的王耀福更为清楚。他回忆，小时候汉江水特别清，江里游鱼历历可数，临河人家直接下江担

安康东坝，在排污口附近钓到大鱼的少年。

水吃，“汉江的水泡茶特别好，清香”，大河坝也雪白，一丝污染都没有。改革开放之后，汉江边的垃圾越来越多，污水坑也越来越多，沙滩和石头都变成黑的。南山排洪渠变成了露天的污水沟，黑得发亮。2000 年左右修了污水处理厂，敞露的一段污水沟也被江滨公园的草坪覆住，但污水并未完全消失。王耀福爱钓鱼，他说排水口一段时间流清水，一段时间又流出完全像是没处理过的脏水。“我们站不住，鱼被臭得在水面上乱蹦”。钓鱼的人只好歇手，特别脏的水流上一阵后停了，又出清水，鱼又回来。原来天不亮就有几十人在那一带垂钓，一早上能钓几斤小白条，近些年鱼越来越少，王耀福也去得少了。

污水处理厂排出臭水的背景，除了监管疏松，更多是资金不足，每吨污水处理的投入费用低，设计能力落后于现实。李纪平介绍，安康的污水处理费用高，一吨最低要九毛多，平均一块四五。城区居民人数有限，不能超标收费，因此污水处理厂运行费用困难，同时还有建设欠账。

“十二五”规划期间，安康市需要新建十座污水处理厂，每县一座，再加上市区增建的江北污水处理厂。沿江的白色厂房，是汉江两岸近年出现的景观。在石泉县的江岸上，我参观过其中一处。白色的房子里，彼此毗连的大小池子像花坛状排列，县城晦暗发臭的污水经由集纳管线被引入池子，以 A/A/O 微曝氧化沟工艺处理，看上去像一锅粥翻动起泡，每到达下一个池子颜色气味逐渐衰减，最后变成外观近似自然的中水排入汉江。厂子气味很小，也不再是我见过的像粪坑一样的方形大池子，有些像休养场所。

这样的污水厂数目还远远不够。安康有 161 个镇，沿江就有55个，只有旬阳和白河的10个镇规划了污水处理厂、8个镇建设垃圾处理场。

但对地方来说，多建一个厂，就多了一份负担，维护白色外观和清澈水质的成本是沉重的。污水处理厂和垃圾场由国家投资80%，但运行费用由地方自筹，依靠在居民水价中加征污水处理费，缺口则由财政补贴，中标建设企业获得30年特许经营权，俗称BOT模式。国家投资这一块也未完全到位，上文所叙的污水厂就欠1000余万，是由企业垫资的。由于安康地处南水北调水源保护区，按照《丹江口库区及上游水污染防治和水土保持"十二五"规划》，每年可以得到国家几亿元的生态资金费用，作为安康关闭有污染产业和保护环境的补偿，其支出包罗万象，石泉县2013年分到了4000多万，规定10%用于生态专项支出，污水厂、垃圾场的运行费用都在其中。

污水厂厂长朱代红介绍，该厂从2011年11月27日开始征地建设，2012年10月15日就开始通水运行，只有一年多工期，总投资6780万元，由于是分批给付，建设期间不得不借贷了1200万元。建成后每年的运行费用需要250万元，当地的居民水费是2.4元一吨，其中含有3毛钱的污水处理费，污水厂一共收到60万元，财政补贴150万元，尚有40万元缺口，需要在居民水价中进一步增加污水处理费，达到每吨水七毛多，而这是敏感的民生问题，"近年已经核准通过，但物价局不敢下文，明年再缓一下实行"。

运行经费的窘困，使污水厂成了电力局名单上的老赖：2013年，污水厂欠了大量电费，"催缴通知下到县里，摞起来有一大叠，不敢理会，也不敢停止运行"。另一重难堪之处是，由于很多建设工程款没付清，一到过年，“工程队老板不得了，到处要钱，好多家到厂长办公室守住不走”。朱代红的脸上露出一丝苦笑，和他介绍污水处理先进工艺与优雅环境时的神情全然不同。

污水厂的设计能力是每天处理污水1万立方米，眼下由于部分管道提水的泵站还未建成，实际只需要处理7000立方米污水，因此还算轻松。但一旦县城西关泵站的污水通过来，立刻会超过设计能力，远景更会达到2万立方米污水的日处理量。工业废水需要先由厂子进行一次处理，再汇入生活污水管网，但眼下有的企业还没有修设施。想要处理更多污水，直接后果就是处理质量下降，“以后会是矛盾”。眼下呈现在眼前的公园式环境，是这座污水处理厂的纯真年代。

实际上，因为经费短缺和设计能力不匹配导致的矛盾，已经导致一些企业陷入两难处境：或者严格按标准运行，像经营紫阳县污水厂的桑德水务公司，因为报价低而运营亏损，无法持续，不得不由政府主动提高报价；或者像宁陕县的污水厂偷排污水，被抓住曝光，受到通报处罚。

接下来的十年期间，按照防治规划，石泉县还要在沿江六个大的集镇修建污水处理厂，它们都需要面对这种身世之困。

在县城下游不远，我还参观了一个垃圾填埋场。从江边往山谷中伸入，坡道蜿蜒爬升，在一处稍微平缓的山坳里，似乎突兀地出现了一座垃圾场，与通常的印象相比，它的位置有些高了，这是由于找不到特别合适而平坦的地方，而它也已经填埋了好几层，一层层由黑色防渗膜隔绝的垃圾叠压成了一座小山，看上去剩余的空间已经不多，一辆倾倒完毕的卡车轰鸣着经过我们身旁，垃圾堆顶上压路机正在碾压作业。走近垃圾堆有一股臭味儿，垃圾堆底下也有渗出的积液。这座垃圾场每年的预算大约是270万元，垃圾处理厂副厂长刘东介绍，垃圾场一天能够接纳50～60吨生活垃圾，垃圾场的设计寿命是15年，但以目前的叠压速度看来，大约只能用12年。

为了争取污水处理费用的国家补助，李纪平曾有过一次失败的尝试。2014年“两会”期间，时任安康市市长赴北京出席，特意带上了李纪平，在会间拜访国家南水北调办负责人，反映两厂建设和运行的资金缺口，于的回答是在生态补偿资金中划专项来保证污水厂运行，“也就是在现有蛋糕中切一块，不加”。关于两厂的建设资金缺口，于没有回答。

长江水利委员会专家翁立达曾对我透露，到南水北调通水前，丹江口上游水质和水土“两保”的国家资金投入是70多个亿元，相比于三峡工程的约400亿元水污染治理资金池明显偏小，“汉水的水质保护要求更高”。

实际上，汉江虽然被鉴定为总体二类水质，但由于国家地表水环境质量标准对河流（以及河流类水库）的规定，其中少了两项检测指标：总氮和总磷含量。在这两项上，汉江的水质有时连四类都不到，而总氮和总磷的主要来源是生活污水和化肥。例如根据2021年10月中国环境检测总站《全国地表水水质月报》，丹江口水库水质优良，但是如果单独评价总氮，则丹江口水库仅为五类水质，低于前一年相同月份的四类水质；11月发布的水质月报中，丹江口水库水质继续为优良，但在总氮单独评价时，水质为四类，和2020年11月相同。

丹江口上游虽然传统工业规模缩减，污染受到了控制，但生活以及农业污染并不容易消化。在现实中，总氮、总磷已经成为我国地表水的主要污染因素，一旦计入，河流的水质普遍会下降一到两个类别，媒体报道国家环保部已经在推动把总磷、总氮作为基本指标纳入地表水质检测。

在丹江口水库坝下，污染防治的课题更为严峻，除经济发展之外，一个重要原因是南水北调减少了汉江的下泄水量，河流自净能力下降，另外则是梯级水库修建导致流速放缓。武汉大学水资源实验室、中科院地理所由景朝霞和夏军等人联合进行的调研显示，2011 年至 2014 年，汉江中下游总氮、总磷在空间上均有上升趋势，并且水体有机污染加重，氨氮和磷几乎已无环境容量，以此为标准，大部分水体处于四类到劣五类。

2014 年夏天，当我来到坝下时，蓄水进程早已开始。从丹江口市施工大桥往上走，沿岸可以看到大片的发泡苔藓，像黄绿色的甲胄蒙在水面上。几只鸥鸟站在大片水藻上，和白色塑料难以分辨。靠近城区的岸边有明显的污水带，与江中心更为清洁的水流界限分明。越往上走水色越浑浊，气味越浓烈。渔民停泊的生活船只似乎加剧了水湾的污染，几十只鸬鹚无聊地望着肮脏水面。和坝上深蓝近乎墨色的水面相比，这里似乎是另一个世界。

在大坝下不远处，显现出污水的来源：奔涌而出的一个排水口，倾泻着晦暗浓烈的污水，蚊蚋孳生撞着人头脸。另一个相邻的水泥管道，据附近几位洗衣妇说会在晚上和清晨排污。污水来自大坝附近的化工厂。

在与丹江口大坝东端几乎平行的不远处，树立着“东圣化工”的标志，庞大扭曲的管道扑扑喷出沸水和蒸汽，散发出酸味，高大的烟囱冒出作为化肥原料焚烧过的煤灰。一条马路之隔的居民王进财说，每隔一段，工厂就会排出氨水，气味更为刺鼻。氨水经过暗沟流淌，到达江边的排污口。

站在坝下眺望，电站的六台机组中只有两台在开动，保持一定的下泄水量。蔡焰值透露，汉江中下游水质靠丹江口水坝放水量来调节，以前一直到汉口基本是二类水。各道水坝修建和丹江口蓄水之后，下游水质经测定已由二类水退化到三类至四类，潜江段水质总体三类还不到。

下游潜江泽口码头往上几十米有一条横渠，出口被一座高大的铁闸封死，上写“潜江闸”三个巨大的字，污水透过闸底渗漏到河口，颜色变浅了一些，但仍有酸臭味，下游不远处即是潜江市饮用取水口。两道巨闸背后，则是乌黑发亮、臭味熏鼻的污水，体量巨大延绵，使人望之悚然，却诡异地竖着“禁止游泳钓鱼”的警示牌。这条横渠和巨闸的身世同样吊诡：最初开凿时本来是一条引汉江水用于潜江市农田灌溉的人工河道，名为汉南河。以后渠道渐渐废弃，却成为沿岸工业区最方便的排污渠，渠水倒灌涌入汉江，污染下游水质，只好在从前的进水口修建了两道铁闸，堵塞来自工业区的倒灌污水，却并不能真正为污水找到出路。

附近居民透露，虽然闸门平时是闸死的，却会在下雨天汉江和汉南河道涨水时开启闸门，向汉江排污，名义却是防汛。经过洪水稀释的污水，不像晴天排污那样露骨。在闸门上方的告示栏里，保存着 2014 年 5 月 20 日的一次开闸记录：闸门全开出水，流量 10。

丹江口大坝下游不远处的污水口。水体呈褐色，有气味。

实际上，这样的闸门在汉江中下游并非孤例。由于污水排放量巨大，处理能力不足，下游县市利用废弃的灌溉沟渠，把过量污水闸死在内河或渠道里，等待汉江涨水时偷排，多年来已经成为一项潜规则。就在2014年的4月，这样的偷排引发了一次严重污染事件：天降大雨，孝感汉川市防汛指挥部开启汉川闸、汉川泵站闸抢排“渍水”共3644万立方米，造成下游一直到武汉的汉江河道氨氮浓度超标，武汉白鹤嘴等水厂停止供水，汉口饮用水告急，居民不得不以矿泉水煮饭食用。

汉口龙王庙是汉水与长江的交汇处，附近有一群长年的游泳爱好者。2014年，他们感到水葫芦特别多，爆发期达到三个月，而往年只有一个月。水葫芦最多时，人只能在缝隙里游，感觉不像水面而是“江汉草原”。往年人们会捞起来喂猪，现在知道没有营养，也没人捞了。从龟山上岸时，水葫芦腐烂的根缠住人的脚踝，一位新参与游泳队的女性下水后皮肤过敏，回去换洗衣服，看到有蚂蟥钻出来。六年之后，我在两江交汇处再次见到他们，他们说这几年水葫芦一直很多，涨水时就冲下来，游泳时只能想法避开。2015年1月9—17日、2月25日，沙洋县汉江大桥至兴隆大坝区段爆发“水华”；2016年2月15日至3月上旬，钟祥柴湖至兴隆大坝段第三次爆发“水华”。中央第三环境保护督察组在2017年4月形成的督察意见说：“汉江在流量减少情况下，仍实施六级梯级开发，干流流速降低，水体自净能力下降，近年来年年发生水华。”

华中农业大学和长江水产研究所2017—2020年的联合研究显示，与2001年调查结果相比，汉江浮游植物从多样性到密度和生物量都显著增加，其中硅藻和蓝藻占据优势，反映了汉江

汉口龙王庙，漂浮着大量水葫芦。

近年的富营养化趋势加剧，其中汉江中下游水体富营养程度尤其较高。

在下游居民看来，坝上坝下待遇有别。虽然湖北省对于汉水污染防控的期望是“坝上坝下一个样”，现实中仍然不可能不向坝上倾斜，《丹江口库区及上游水污染防治和水土保持规划》规定了对库区数百亿元的项目资金，在污水治理一块，国家给了坝上 80%的生态转移支付，坝下则只给了 18%。

在湖北省当地官民的长期呼吁下，从 2015 年起，国家下拨了五年南水北调汉江中下游生态保护与建设转移支付资金，每年 6 亿元。此外，民间一直在呼吁中央考虑制定《汉江中下游影响区水污染防治和生态修复规划》，和在用水地与调水地之间的生态补偿机制。湖北省自身的防治支出则在 2016 年达到了 20 亿元的规模，并将汉江沿线命名为“生态经济带”，在规划中提出到 2025 年丹江口水库和汉江干流水质稳定达到国家地表水二类标准。

这显然是一个需要勇气和投入的目标。

病灶的隐忧

2020 年我再次来到泽口闸，这里的情形截然改观。

闸门外的积水变得干净，而在闸门之内，当初黑亮发臭的污水也变为略带浑浊的黄绿，近似于江水，没有明显的气味，河道治理公示牌上说明渠水近期达到四类，到 2022 年底达到三类水。河道旁已经培育为绿地公园，花草离离，还安置了略显寂寞的休闲座椅，沿汉南河修建了总长 213 公里的污水主管网，

治理后的泽口闸积水，比从前干净了很多。

沿河污染企业的废水被纳入管道，输往河道下游的污水厂处理，公示牌上描述汉南河治理的长期目标是“水清、水动、河畅、岸绿、景美”。

2021年4月的丹江口施工桥以上至坝下江段，水体仍旧难称洁净，岸边漂浮大量发黏的苔藓，水底丛生水华。坝下不远处的污水口尚未封闭，也没有编号标识，排出的水晦暗黑黄，水量可观，走近闻到刺鼻味，蚊蚋飞舞。

但沿大坝东岸而上，到达从前东圣化工厂和居民区地段，情形也和兴隆闸周边一样变化很大：从前的东圣化工厂已经消失，变为绿地，栅栏围住的草地上开放深浅野花，流浪狗奔跑，只保留了一幢看似从前办公用的五层楼房，窗户皆已拆卸，大门封死。附近的居民区也大部分消失，剩下的房屋诸多门窗封闭，并加修了围墙，但尚有零星老人居住，围墙上时时张贴着16年前设立的“南水北调大坝加高征地区域”标识，不远处传来一座加工厂仓房下的轰鸣，说明这里的拆迁尚待最后完成。

2020年6月5日，安康市东坝排污口已经被铁栅围住，树立了江南再生水厂排污口的标识，编号91610900MA70NPAJ2Y001Z，污染物种类：COD、NH_3-N、SS和pH，落款由国家生态环境部监制。铁栅看来是新建的，尚堆有建筑沙石。铁栅外是奔腾倾泻的废水，像一幅宽大的瀑布，颇为壮观，月光照耀之下有种特别的气氛。走近闻见腥味，颜色晦暗，有蚊蚋飞舞，沙滩尚形成大面积污水沼泽。下游约400米另有一污水口，水量较小，水体类似，没有标识。

近期的相关报道称，江南再生水厂于2019年10月6日开始运行，处理后排出的水超过国家污水一类A标，达到四类水，是国内最高标准，“适用于一般工业保护区及人体非直接接触的娱乐用水区”，报道配图中，处理过的水体清澈透明，近似矿泉水。李鹏博的一个朋友曾经去中水厂参观，厂里的人甚至当场喝下处理过的再生水。和眼前排出的废水相比，显然不可同日而语。

在李鹏博看来，污水处理理想和现实的差距是必然的，根本原因是处理成本的差别：欧洲一吨污水的处理成本是八欧元，而国内不到一元人民币，二者相去数十倍。曾经国家规定一吨污水的处理费用不能低于两元，但在竞标运营、价低者得的机制面前，现实中的污水处理成本不得不层层下行。如此低成本之下，要么污水处理不达标，形同过场，要么钻漏洞偷排废水。在很多情形下，污水处理厂甚至成了中转站和“污水搬运工”。

污水处理厂的运行和环保部门的监督之间，也存在体制梗阻。有一次，李鹏博给区环保局打电话举报污水排放，回电答复的人是市水务集团的，说污水厂正在提升改造，造成一部分污水处理不了。水务集团是污水厂的主管部门，是正处级单位，而区环保局不过是正科级，管不住前者。就算直接举报到市里，也会下派到区里处理。在安康市自来水厂取水口上游100来米处，绿色秦巴发现有十几户人家厕所直排江中，市政污水管网没有延伸到这里。向有关部门反映多次，水务集团答复说是在江边修小型处理池，却并无实际动作，环保部门亦无可奈何。

石泉污水处理厂工艺，可以看到上层污水逐渐变为下层清水。

2020 年 6 月 6 日晚上九时许，我和李鹏博一起去江北，暗访江北污水厂的排放口。排污口有相邻的两处，一处有环保标示牌和在线监控摄像头，另一处没有，白天是干的，晚上则会排放。此前李鹏博几次夜间前往蹲守，发现无标示牌的污水口排出的都是未经处理的污水。来到江北西城阁下游不远的堤岸，污水口隐藏在大堤丛生的灌木中，我们绕道攀下去，到了有环保标识的污水口上方，拨开灌木，看到出水颜色正常，没有异味，比东坝的排放口状况要好很多。再到无标识的污水口上方，看到正在排放，污水颜色暗黄，远远闻到腥臭味。李鹏博前两天来时，这处污水口的排放量很大，和有标识的口子排放量相差无几。一个现实的矛盾是，江北污水处理厂运行以来，日处理污水的能力由起初的 5000 吨提升到了 2.5 万吨，但因为江北片区发展太快，仍然满足不了需求。

污水厂运行的捉襟见肘和运转不良，在上下游是普遍的情形。湖北郧县境内有一家污水厂，选址反常地位于镇子上游，全镇排放的污水不得不从沉淀池经由泵站抽水提升，输送至污水厂处理后再排放入河，客观上提升了污水处理成本。水泵不开的时候，污水就溢出沉淀池排入河中。河道下游入汉江之处有水质监测点，一旦水质降为五类会报警，要求整改，污水厂起初说是输水渠杂草污染，由一位大学生村官带领群众除草，后来又说是村民淘洗蔬菜导致。这位大学生村官透露，因为污水处理费用不足，经营污水厂的深港公司连电费都无法如期缴纳。一个重要原因是集镇雨水和污水未曾分流，杂质多，经常会烧坏泵站电动机，进水量又过大难以处理，只能对付着维持。

诸多困境之下，汉江进入丹江口水库的水质仍然维持在二类，除了汉水的自净能力，一个方面是由于排除了总氮指标，而总氮来自生活污水，正是眼下汉水沿线污染的大宗；另一方面则是厂矿产业的整改关闭，遏止了沿途工业废水的污染。在这一方面，丹江口上游市县的力度不可谓不大。安康市80%的面积被划定为禁止和限制开发区域，工业、矿产和居民规模都受到制约。到调水之前，安康市关闭了200多家污染企业，其中有安康市主要的加工产业黄姜皂素，旬阳县的铅锌矿、氰化钠炼金产业、生猪养殖场等，损失GDP的同时，也带来了很多失业人员的安置出路问题，此外拒绝了多家有污染企业的投资落户意向，李纪平形容为“一种牺牲”。

从前工矿企业开采的遗迹尚未完全消失，像是汉江身上的瘢痕和病灶，尚待最后修复。白河县卡子镇的硫（磺）铁尾矿，就是这样一处刺目又难以清除的病灶。

2020年4月，我来到卡子镇的时候，它已经存在了60余年，痕迹却仍如此鲜明，像是昨天才敷染上去。从白河县城溯白石河上行，从陈家院子往上接近卡子镇的地段，沉淀的黄色开始出现在两岸涨过水的山根上，以后河水本身也染上了，越来越浓，到镇街已经完全变成了黄色。这不是泥土的那种浑黄，而是工业的非自然黄色，来自尾矿排出的废水中硫、铁元素在空气中的氧化。

卡子镇、茅坪镇硫铁矿开采始于20世纪50年代后半期。在大炼钢铁的热潮中，附近几个村的矿山一哄而上，土法采炼硫磺，形成了几大工区，一时浓烟蔽天，黄水遍地，成为怵目的景观。20世纪90年代之后，随着环保受到重视，这些矿山逐渐关闭，矿洞口被封死，但废渣和矿洞中涌出的废水成为棘手难题，数十年过去仍未能根治。

离开卡子镇沿着支流往桂花村山谷里走，前往一号矿区所在的圣母山，河流的黄色越来越浓烈、鲜亮，河底结了厚厚一层焦糖色的“锅巴”，在两岸绿色坡地和寻常人户映衬下，形似某种超自然奇观。

顺盘山便道而上几公里来到矿山，车间和装卸台已经废弃，山一样的矿渣原封堆积，矿渣底部涌流出血色的废水。下方砌筑的尾库沉淀池已经淤满，形成一片颜色由浅黄到金黄再到暗红色的湖面。我沿着渣山向上攀援，来到第一处矿洞口，矿洞已经封闭多年，光线阴暗的洞壁长出黄褐色的青苔，混合斑驳侵蚀的铁锈，洞中封闭的水泥墙体上写着红色的“8”。另一处封闭的矿洞则未编号。站在厚厚的落叶上，能感到空气的潮湿，洞底青苔的触须滴下渗水，这是矿洞涌水的来源，更高处的一个矿洞已经被黄色积水封死。

渣山的上部，潜伏的溪流再次露出地面，仍旧带着鲜亮的黄色，说明上方仍然有矿洞。工区沿着陡峭的沟壑一直往上延伸，开凿出一层层矿洞，造成大片的疮痍和层叠坍塌的渣山，渣山中部流淌着化脓的小溪，一直攀援到接近溪水源头处，黄色更加刺目，山体上凝结大片的白霜，令人想到硫磺矿中包含的砷，溪流中只有稀少的植被。我在溪水中洗了一下弄脏的手，顿时感到一阵火辣，让我想到以前采访的硫磺矿区，在溪水中洗衣的农妇双手被蚀出白骨的往事。这条一路奔向汉江的溪流，在出生处就染上了褪不去的黄色，似乎某种原罪。站在山间眺望，远近青翠的山岭与脚下的渣山黄水反差鲜明，令人难忘。

64岁的郑其志是矿山下游桂花村村民，以前也在矿山上干

白河县卡子镇，被关闭的硫磺矿废水污染的河道。

过活，他坐在自家院坝，背对黄澄澄的河流追忆往事。在他很小的时候，水是清的，河里有游鱼。矿山从20世纪50年代大炼钢铁时期开采，60年代开始河流渐渐变黄，鱼虾绝种，水不敢用了。他曾经试着喝过河水，味道涩、酸，也在河里洗澡，人们说这样身上不长疮，上岸后及时用清水冲洗。但不敢在河里洗衣服，不仅衣裳会洗毁，连铁盆也沤烂了。从前河流两旁是水田，用河水灌田栽秧，后来河水越来越黄，灌到田里寸草不生，只好改为旱地。他20世纪八九十年代在矿区干活，最深的印象是冶炼炉冒出的黄绿色毒烟，一阵风过去，遍山树木都枯死，草都不长，尤其是本地最多的桐子树死完了。当时的市场销路好，开采量大，有几年河的颜色是深红的，像血。人们只能吃山上的泉水，屋旁河流近在咫尺，却成了与人无关又可畏的东西。进入21世纪初年，矿山因为污染太重被政府统一叫停，矿洞已经封闭了十几年，河流却没有恢复童年时的本色。

白河县志记载，清朝道光年间即有人在圣母山土法炼硫磺，民国年间炼矿者已云集圣母山，运至县城装船远销汉口。1957年白河县成立硫铁矿开采委员会，当年11月第一炉出硫，三年后已有炼磺炉55个。1961年下马，“文革”中又恢复开采，1976年开始“大打矿山之战”，县、公社和大队三级齐上开采，新开辟了两个采矿工区，仅县办采矿场就有工人近300人，1988年以后矿石和硫磺销售一路走旺。

彼时远山近岭高炉林立，黄烟冲天，磺水遍地，“有水快流”百无禁忌的后果，是疮痍遍地，尾矿治理耗资巨大，不绝如缕。从矿山现状可以看出初步的治理，修了尾渣库，其中倾倒了石灰石吸附污染物，但不能治本。在凤凰村工区，渣山甚至一直堆放到山下路旁，无人规制。渣山脚下还有一家关闭状态的矿厂，沿坡度修建的选矿床处于闲置，生长荒草，办公楼前挂着陕西省天沐矿业的牌子，楼中仅有一条狗留守，知情人称公司的人过几天会上来看一下，这家公司前几年在此开采硫金砂，因为造成磺水污染停产整顿。根据媒体报道，同样的情形也出现在汉中西乡县，一家名叫太友矿业的公司2017年还在开采硫金砂，次年因为污染遭遇举报，被环保局要求停产整顿，公司附近的水沟里流淌着滔滔黄水。

2019年下半年，新华社和澎湃新闻先后报道了卡子镇以及其他地区的“磺（黄）水”污染，当地政府加快了整治动作，包括在下游靠近山口处用挖掘机开挖河道，换掉了几公里长度河段的污染底泥。但最大的瓶颈仍是缺钱。动辄几个亿的资金，白河县本身拿不出来，市里也没有这样的实力。

白河县环保局为应对磺水污染专门成立了治黄办，该办工作人员介绍，由于本县的实力有限，只能根据每个污染点位申报专项资金，每次下拨的资金不多，总共有5000多万元，2015年和2019年曾经进行了矿渣初步治理。去年“事情出来之后”，白河县财政拿出了1000万元资金做前期费用，开始编制总体治理方案，包括运走矿渣、治理河道和清污分流、建污水处理厂等，陕西省委托了生态环境部华南环境科学研究所做前期调研和撰写方案，到2021年4月，方案文本还没有出来。由于尾矿涌水的治理在全国都属于难题，耗资巨大，县、市、省都在争取国家环保部支持，现在主要是前期调研，磺水复清仍需假以时日。好消息是到了年底，一家湖南公司带来了治理磺水的先进工艺，已在白河县开始试点。

站在白石河口的汉江河畔，看着一江青绿，很难想象在丹江口水库上游严格治污的今天，尚有这样的磺水注入其中。但历史的积欠并非一天可以清偿，山谷深处奔腾的黄水提醒着，眼前这条母亲河的清白，比看上去更加的脆弱，需要长期的看护和救赎。